想問題」が「第1部　原則編」のどの「テーマ」に相当するのかが示されています。該当する「テーマ」を「反復」すると，理解したことが定着につながっていきます。ぜひ活用してみてください。

私の好きな言葉に，「**努力がすべて報われることはないが，成功した人は必ず努力をしている**」というものがあります。「反復」を「努力」といいましたが，理解にたどり着くまでの「反復」回数は人によって差があることは事実です。2，3回「反復」をするだけで理解できる人もいれば，そうでない人もいます。しかし，ある程度の回数を「反復」することなしに，途中であきらめてしまうと成功にはたどり着けません。この**個人差を認めたうえで「反復」するしかない**のです。この本が，数検「3級」合格を目指す人たちのきっかけとなること，また，中学数学までの算数・数学に悩んでいる人たちの突破口となることを願っています。

著　者

改訂版 数学検定3級に面白いほど**合格する本**

CONTENTS

第1部　原則編

第1章　数と式

改訂版

数学検定

3級

に面白いほど合格する本

高梨由多可（河合塾講師）［著者］

公益財団法人 日本数学検定協会［監修］

＊本書は、『数学検定３級に面白いほど合格する本』を底本とし、令和３年度以降の当検定の出題範囲に対応した数学検定３級の対策本として加筆・修正した改訂版です。

はじめに

「数学のできる・できないは，センスによる」

私が教師という職業に就いてから，何度も耳にした言葉です。

たしかに，数学という学問においてはこの言葉が的を射ていないわけではありません。しかし，入試のようにその成果·評価を得点で表すテストにおいては，きまりや法則を理解してしまえば，あとは解答にたどりつくまでの手順を身につけることで，ほとんどの問題が解けるようになります。

この手順を身につけるための一番の行動が「**反復**」であり，私はこれを「**努力**」と呼んでいます。この手順が身につくまでにかかる時間には個人差がありますが，「反復」によって身につけられない手順はほとんどありません。つまり，**数学の得点アップには「反復」作業をどれだけ計画的・効率的に行なえるかがポイント**なのです。

この本では，実用数学技能検定(以下，数検)「3 級」試験の過去の出題から**頻度の高いパターン**が選ばれています。それぞれのパターンは，「第 **1** 部　原則編」の中で 66 の「テーマ」に分けられています。「第 **1** 部　原則編」では，「数検でるでるポイント」で扱う内容をまず説明し，次に，その説明にもとづいて「数検でるでる問題」の 2，3 題を解いてもらいます。いきなり解くことが難しい場合は，直後に「考え方」で解くためのヒントを紹介しているので参考にしてください。

「テーマ」ごとに用意されている「数検でるでる問題」では，**難易度**を★，★★，★★★の 3 段階に分けています。「テーマ」によって得意・不得意があるはずですから，得意な「テーマ」なら★★★まで，不得意な「テーマ」でも★★まで挑戦してみてください。解き終わったら，「数検でるでる問題」の「解答例」を参考に復習しましょう。また，「＋α ポイント」というコーナーでは，「テーマ」で触れた内容の**補足・背景**が紹介されています。理解の手助けとなりますので，こちらにも目を通してみてください。

「第 **1** 部　原則編」の 66「テーマ」を「反復」してある程度の内容が身についたら，力試しとして「**第 2 部　実践編**」の中の **1** 次検定·**2** 次検定の「**予想問題**」を解いてみましょう。「第 **2** 部　実践編」では，「第 **1** 部　原則編」のすべての「テーマ」を定着させることを最終目標としています。「解答・解説」では，その「予

第2章 関　数

第3章 図　形

第4章　確　率

第5章　資料の整理

第2部　実 践 編

この本の特長

数検対策と基礎力強化の両方に役立つ

この本は，数検「3級」対策に**腰を据えて取り組みたいという人**，および，**まだ実力不足なので数学を根本から勉強し直したい人**向けの，**“試験対策用＋数学の基礎力強化用”** テキストです。ここから過去問演習へスムーズに移行できます。

「第1部　原則編」で“必習内容”と“必習問題”を完全攻略

この本には数検「3級」の過去問で何度も繰り返し出題され，これからも出題が予想される全部で66の「テーマ」が収録されています。「テーマ」はすべて見開き2ページで，以下の要素を含みます。

◆「数検でるでるポイント」：数検「3級」の出題に含まれる**重要定理や重要公式**，及び，**教科書では大きく扱われていないが数検「3級」にはよく出る内容**がもれなく載っています。また，前提としておさえておく必要がある**検定範囲外の内容**には「復習」のアイコンがついています。

◆「数検でるでる問題」：「数検でるでるポイント」で学んだ内容を確認するための設問です。★は**難易度**を表します（★★★が最高難易度）。数学があまり得意でない人は★と★★の設問に，自信がある人は★★★を含むすべての設問に取り組んでみてください。

◆「解答例」：「数検でるでる問題」の正解です。単に解答が羅列されているだけでなく，**解法の過程や違う観点からの説明**（「補足」）も示されています。また，複数の解法がある設問には「別解」もついています。

◆「＋α ポイント」：**やや発展的な内容**や，「数検でるでるポイント」の**補足的な内容**を取り上げています。

「第2部　実践編」で本番と同形式による演習が可能

数検「3級」の最新出題傾向に沿った“そっくり問題”が「予想問題」として2回分掲載されています。それらの「解答・解説」には，「確認」で **“問題を解くときに働かせるべき思考過程”**，「考え方」で **“解答の方針”**，「解答例」で **“合格答案＋数式の補足説明”** をそれぞれ丁寧に示してあります。また，「第1部　原則編」の該当テーマへの**リンク**も示してありますので，説明を読んでいてわからない場合に参照することができます。このように問題演習だけでなく復習を繰り返すことで，知識と解法がみるみる定着していきます。

実用技能数学検定「3級」の出題について

＊以下の情報は，2023年12月現在のデータです。

＊検定概要，注意事項，検定料，各種データなどに関する詳細な情報は，公益財団法人 日本数学検定協会のホームページをご参照ください。

https://www.su-gaku.net/suken/

＊実際の検定には問題用紙と解答用紙がついています。

検定の構成

目安となる学年	構　　成	検定時間	出 題 数	合格基準
中学校3年程度	1次：計算技能検定	50分	30問	全問題の70%程度
	2次：数理技能検定	60分	20問	全問題の60%程度

数学検定で試される7技能について

1　技能の定義

技能とは，反復訓練によって習得可能な能力をいう。

2　7技能それぞれの定義

7技能それぞれの定義を，以下に示す。

❶　計算技能

義務教育課程における四則演算に代表されるものであり，与えられた数体系の中で，定められたアルゴリズム(手順)に応じて，正しく解を導き出せる能力を意味する。

❷　測定技能

長さ，面積，体積，角度といった量を実測または計算し，国際的な基準(単位など)を用いて，わかりやすく表現できる能力を意味する。

❸ 作図技能

図形に関する幅広い学習内容の中で,「作図」に特化した技能を指すものではなく,「作図」に代表されるもののことである。すなわちそれは,図形の性質を十分に理解した上で,その知識を応用できる能力を意味する。

❹ 統計技能

現象を調査することによって数量で把握できる能力,及び,調査によって得られた数量データを活用できる能力を意味する。

❺ 整理技能

様々な情報の中から,有用なものや正しいものを適切に選択・判断できる,高度な情報処理能力を意味する。

❻ 表現技能

文章や数式,図,表,グラフなどを用いて,自分の調査結果や意見,考えを正しく,わかりやすく相手に伝えられる能力を意味する。

❼ 証明技能

正しくかつ,わかりやすく,自分がそのように考える理由を説明できたり,命題の真偽を示したりすることができる能力を意味する。

●カバーイラスト：ａｏ

第1部

原則編

▶▶ 第1章 ◀◀
数と式

▶▶ 第2章 ◀◀
関　数

▶▶ 第3章 ◀◀
図　形

▶▶ 第4章 ◀◀
確　率

▶▶ 第5章 ◀◀
資料の整理

数検でるでるテーマ 1　正負の数のたし算・ひき算

数検でるでるポイント 1　かっこを含んだ計算　Point

(1) 正の数と負の数

正の数……0 よりも大きい数。「+(プラス)」の符号を使って表すか，符号をつけないで表す。

例　2,　$+\frac{15}{4}$,　6.28,　+ 0.032　など

負の数……0 よりも小さい数。「−(マイナス)」の符号を使って表す。

例　− 9,　$-\frac{7}{10}$,　− 50.1　など

(2) 絶対値

絶対値……数直線上で，ある数に対応する点と原点との距離

例　+ 3 の絶対値は 3,

　− 4 の絶対値は 4 である。

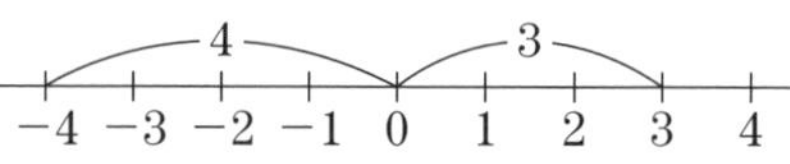

(3) かっこを含んだ計算の行ない方(たし算・ひき算)

手順1　かっこをはずす。

$+(+a) \Rightarrow +a$,　$+(-a) \Rightarrow -a$,　$-(+a) \Rightarrow -a$,　$-(-a) \Rightarrow +a$

手順2　正の数・負の数でそれぞれまとめる。

計算をしやすくするために，+(正)の数，−(負)の数でそれぞれまとめる。

例　$-2+3+4-1=+3+4-2-1=+7-3$

数検でるでる問題

1　次の計算をしなさい。　★

$-4+(-1)-(-5)$

2　次の計算をしなさい。　★★

$-2.4-\left(-\frac{2}{5}\right)+(-1)$

3　下の数について，絶対値が 2 より大きい数をすべて答えなさい。　★

6,　$-\frac{1}{2}$,　0,　$\frac{9}{4}$,　− 4

考え方

1 まずは(かっこ)をはずすことを考える。$-(-5)=+5$ であることに注意しよう。

2 まず小数2.4を分数でかきかえる。次に(かっこ)をはずすことを考える。
$-\left(-\frac{2}{5}\right)=+\frac{2}{5}$ であることに注意しよう。

3 数直線をかき，原点からの距離が2より大きい数を答えればよい。

解答例

1 $-4+(-1)-(-5)$
$=-4-1+5$
$=-5+5=\underline{0}$ 答

$+(-1)=-1$
$-(-5)=+5$

2 $-2.4-\left(-\frac{2}{5}\right)+(-1)$
$=-\frac{12}{5}-\left(-\frac{2}{5}\right)+(-1)$
$=-\frac{12}{5}+\frac{2}{5}-1$
$=\frac{2}{5}-\frac{12}{5}-1$
$=\frac{2}{5}-\frac{17}{5}=\underline{-3}$ 答

小数2.4を分数 $\frac{12}{5}$ とかきかえる
$-\left(-\frac{2}{5}\right)=+\frac{2}{5}$，$+(-1)=-1$
正の数・負の数でそれぞれまとめる

3 それぞれの数の絶対値を調べる。
6の絶対値は6，$-\frac{1}{2}$ の絶対値は $\frac{1}{2}$，0の絶対値は0
$\frac{9}{4}$ の絶対値は $\frac{9}{4}$，-4 の絶対値は4
よって，絶対値が2より大きい数は，$\underline{6,\ \frac{9}{4},\ -4}$ 答

+α ポイント　「＋」はたす？　それともプラス？
「－」はひく？　それともマイナス？

問題中にもあった $+(-1)$ などは，かっこの前についている「＋」はたすと読み，かっこの中にある「－」はマイナスと読む(ひくとは読まない)のがふつうです。つまり $+(-1)$ は“たすマイナス1”と読みます。しかし計算するときは読み方はあまり深い意味をもたず，単に $+(-1)=-1$ として計算してしまいます。

数検でるでるテーマ 2　正負の数のかけ算・わり算

数検でるでるポイント 2　四則(たし算・ひき算・かけ算・わり算)の計算　Point

四則(たし算・ひき算・かけ算・わり算)の計算を行なうときは,
次の手順で行なう。

手順1　かけ算・わり算の計算を行なう。
手順2　たし算・ひき算の計算を行なう。
この順番に注意！

例　$8+5\times4$（かけ算）
$=8+20$
$=28$

$10-6\div2$（わり算）
$=10-3$
$=7$

数検でるでる問題

1　次の計算をしなさい。　★

$15-6\times3$

2　次の計算をしなさい。　★

$28-10\div(-5)$

3　次の計算をしなさい。　★★

$\dfrac{1}{2}-3\times\left(-\dfrac{5}{6}\right)$

考え方

1　6×3　(かけ算)の計算から行なう。

2　$10\div(-5)$　(わり算)の計算から行なう。このとき符号にも注意しよう。

3　$3\times\left(-\dfrac{5}{6}\right)$　(かけ算)の計算から行なう。このとき符号にも注意しよう。

1 $15 - 6 \times 3$

$= 15 - 18$ ← かけ算が先

$= -3$ 答

2 $28 - 10 \div (-5)$

$= 28 - (-2)$ ← わり算が先

$= 28 + 2$ ← かっこをはずす

$= 30$ 答

3 $\frac{1}{2} - 3 \times \left(-\frac{5}{6}\right)$

$= \frac{1}{2} - \left(-\frac{5}{2}\right)$ ← かけ算が先

$= \frac{1}{2} + \frac{5}{2}$ ← かっこをはずす

$= \frac{6}{2}$

$= 3$ 答

+α ポイント　**四則の計算の順番**

計算の順番は，かけ算・わり算が先で，たし算・ひき算が後の順でした。

このことを無視して計算を行なうと次のようなことが起こります。問題の**1**を例に考えてみましょう。

❶ $15 - 6\times3 = 15 - 18 = -3$ ⬅かけ算のあと，ひき算

❷ $15 - 6\times3 = 9\times3 = 27$ ⬅ひき算のあと，かけ算

このように結果が異なりますね。当然❶の計算が正しく，❷の計算は間違いです。この順番はどんなに式が複雑になっても守るようにしましょう。

数検でるでるテーマ 3 累乗の計算

数検でるでるポイント 3 累乗 Point

(1) 累乗……同じ数を何個かかけたもの

例 $2\times2\times2\times2=2^4$ ←2を4個かけ算している

(2) 累乗を含む計算

手順としては次のようになる。

手順1 累乗の計算を行なう。

手順2 かけ算・わり算の計算を行なう。

手順3 たし算・ひき算の計算を行なう。

← 数検でるでるテーマ 2 正負の数のかけ算・わり算

数検でるでる問題

1 次の計算をしなさい。 ★★

$2^3+(-4)^2$

2 次の計算をしなさい。 ★★

$-3^2-(-2)^3$

考え方

1 2^3, $(-4)^2$ の累乗の計算から行なう。
$(-4)^2$ の計算は符号に注意しよう。

2 3^2, $(-2)^3$ の累乗の計算から行なう。
$(-2)^3$ の計算は符号に注意しよう。

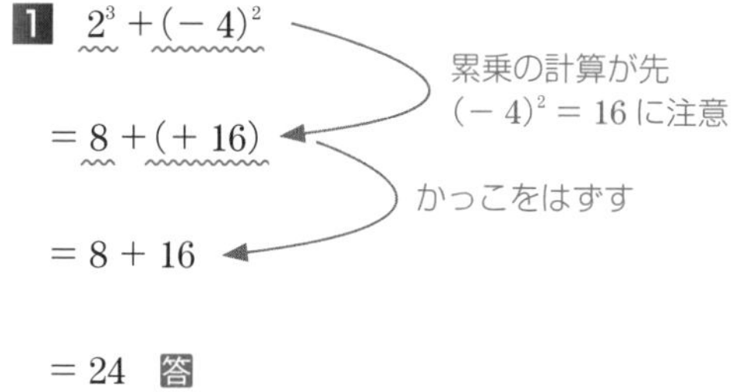

1 $2^3 + (-4)^2$

$= 8 + (+16)$

$= 8 + 16$

$= \underline{24}$ 答

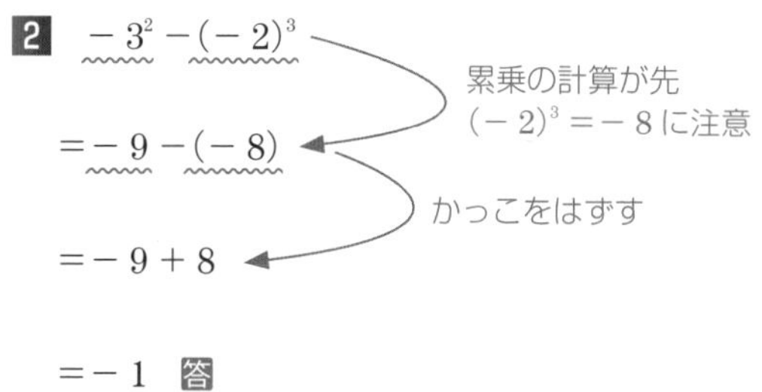

2 $-3^2 - (-2)^3$

$= -9 - (-8)$

$= -9 + 8$

$= \underline{-1}$ 答

+α ポイント　累乗はかけ算である

累乗の計算をまず最初に行なうのは，その計算が「かけ算」だからです。数検でるでるテーマ 2 **正負の数のかけ算・わり算**で説明したとおり，四則の計算において，「かけ算」は「たし算・ひき算」よりも先に行なわなければなりません。累乗がかけ算であることを頭に入れておくと，先に計算することを忘れにくくなります。

数検でるでるテーマ 4

平方根①：平方根の計算

数検でるでるポイント 4　平 方 根　Point

(1) 平方根

2乗して a になる数を a の平方根という。

例　25の平方根は＋5と－5，7の平方根は $+\sqrt{7}$ と $-\sqrt{7}$

$\sqrt{\ }$ を根号といい，ルートと読む

(2) $\sqrt{●}$（根号）を含む式の計算（a，b は正の数）

❶ かけ算・わり算　$\sqrt{a}\times\sqrt{b}=\sqrt{a\times b}$，$\dfrac{\sqrt{a}}{\sqrt{b}}=\sqrt{\dfrac{a}{b}}$

❷ たし算・ひき算

$m\sqrt{a}+n\sqrt{a}=(m+n)\sqrt{a}$，$m\sqrt{a}-n\sqrt{a}=(m-n)\sqrt{a}$

例　$\sqrt{3}\times\sqrt{2}=\sqrt{6}$　　$5\sqrt{2}-2\sqrt{2}=3\sqrt{2}$

$\sqrt{12}=\sqrt{4\times3}=\sqrt{4}\times\sqrt{3}=2\sqrt{3}$

根号の中の数はできるだけ小さくする

数検でるでる問題

1 次の計算をしなさい。　★★

$\sqrt{3}-\sqrt{12}+\sqrt{27}$

2 次の計算をしなさい。　★★

$2\sqrt{8}+\sqrt{2}-\sqrt{98}$

考え方

1 $\sqrt{12}$，$\sqrt{27}$ について，根号の中の数をできるだけ小さくする。

$12=\underbrace{4}_{2^2}\times3$，$27=\underbrace{9}_{3^2}\times3$ である。

2 $2\sqrt{8}$，$\sqrt{98}$ について，根号の中の数をできるだけ小さくする。

$8=\underbrace{4}_{2^2}\times2$，$98=\underbrace{49}_{7^2}\times2$ である。

1 $\sqrt{3}-\sqrt{12}+\sqrt{27}$

$=\sqrt{3}-2\sqrt{3}+3\sqrt{3}$

$\sqrt{12}=\sqrt{4\times 3}=\sqrt{4}\times\sqrt{3}=2\sqrt{3}$
$\sqrt{27}=\sqrt{9\times 3}=\sqrt{9}\times\sqrt{3}=3\sqrt{3}$

正の数・負の数でまとめる

$=\sqrt{3}+3\sqrt{3}-2\sqrt{3}$

$=4\sqrt{3}-2\sqrt{3}$

$=2\sqrt{3}$ 答

2 $2\sqrt{8}+\sqrt{2}-\sqrt{98}$

$=4\sqrt{2}+\sqrt{2}-7\sqrt{2}$

$2\sqrt{8}=2\sqrt{4\times 2}=2\times\sqrt{4}\times\sqrt{2}=2\times 2\times\sqrt{2}=4\sqrt{2}$
$\sqrt{98}=\sqrt{49\times 2}=\sqrt{49}\times\sqrt{2}=7\sqrt{2}$

正の数・負の数でまとめる

$=5\sqrt{2}-7\sqrt{2}$

$=-2\sqrt{2}$ 答

+α ポイント **平方数について**

根号 $\sqrt{\quad}$ の中にある数はできるだけ小さくすることが重要です。その作業の中で $\sqrt{12}=\sqrt{4\times 3}$, $\sqrt{98}=\sqrt{49\times 2}$ のように 4 や 49 をつくり出してから計算しました。このときの 4 や 49 は $4=2^2$, $49=7^2$ のように，ある正の整数を 2 乗した数であり，これを平方数といいます。平方数を根号の中の数にすばやく見つけることができるかがポイントとなるので，平方数はある程度覚えておくとよいでしょう。

平方数の例

$1^2=1$　$2^2=4$　$3^2=9$　$4^2=16$　$5^2=25$　$6^2=36$
$7^2=49$　$8^2=64$　$9^2=81$　$10^2=100$　$11^2=121$　$12^2=144$
$13^2=169$　$14^2=196$　$15^2=225$　$16^2=256$　$17^2=289$
$18^2=324$　$19^2=361$

数検でるでるテーマ 5 平方根②：平方根の大小

数検でるでるポイント 5 根号を含む数式の変形 Point

(1) 平方根の大小

a, b は正の数で $a < b$ ならば, $\sqrt{a} < \sqrt{b}$

例 $3 < 4$ なので $\sqrt{3} < \sqrt{4}$, すなわち $\sqrt{3} < 2$

(2) **根号を含む数式の変形**

a, b は正の数であるとする。

根号を含む式の大小を比べるときは,

方法❶ $\sqrt{a}$ を2乗して, a に変形する。

方法❷ $a\sqrt{b} = \sqrt{a^2 \times b}$ として, 根号の中にまとめる。

数検でるでる問題

1 下の5つの数について, $\sqrt{6}$ より大きい数をすべて答えなさい。 ★★

$\sqrt{3}$, 3, $-\sqrt{7}$, $2\sqrt{2}$, $\dfrac{5}{2}$

2 n を正の整数とするとき, 次の問いに答えなさい。 ★★

$2\sqrt{2} < n < \sqrt{26}$ となるような n の値をすべて求めなさい。

考え方

1 5つの数の中には, そのままでは $\sqrt{6}$ との大小が比べられない数がある。2乗して比べてみるか, 根号を使った形に変形してみよう。

2 ②$\sqrt{2}$ は根号の外にある②を根号の中にまとめて, $\sqrt{26}$ との大小を比べられるようにして考えてみよう。

1 $\sqrt{3}$, 3, $-\sqrt{7}$, $2\sqrt{2}$, $\dfrac{5}{2}$

まず$-\sqrt{7}$は負の数であるから，$\sqrt{6}$より小さい数である。

解法1 他の数をそれぞれ2乗して考える。

$(\sqrt{3})^2=3$, $3^2=9$,

$(2\sqrt{2})^2=2^2\times(\sqrt{2})^2=4\times2=8$,

$\left(\dfrac{5}{2}\right)^2=\dfrac{25}{4}$

$(\sqrt{6})^2=6$であるから，2乗して6よりも大きくなる数が答えである。

2乗した数のうち6より大きい数は

9, 8, $\dfrac{25}{4}$ の3つ。

よって，$\sqrt{6}$より大きい数は

$\underline{3,\ 2\sqrt{2},\ \dfrac{5}{2}}$ 答

解法2 他の数を根号を使った形に変形して考える。

$3=\sqrt{3^2}=\sqrt{9}$,

$2\sqrt{2}=\sqrt{2^2\times2}=\sqrt{8}$,

$\dfrac{5}{2}=\sqrt{\left(\dfrac{5}{2}\right)^2}=\sqrt{\dfrac{25}{4}}$

$\sqrt{6}$より大きい数は，根号の中の数が6より大きい数なので$\sqrt{9}$, $\sqrt{8}$, $\sqrt{\dfrac{25}{4}}$の3つ。

よって，$\sqrt{6}$より大きい数は

$\underline{3,\ 2\sqrt{2},\ \dfrac{5}{2}}$ 答

2 $2\sqrt{2}<n<\sqrt{26}$ ……（＊）

$2\sqrt{2}=\sqrt{2^2\times2}=\sqrt{8}$ より（＊）は$\sqrt{8}<n<\sqrt{26}$ とかき表せる。

これをみたす正の整数nは，

$\sqrt{9}=3$, $\sqrt{16}=4$, $\sqrt{25}=5$ ⬅8より大きく26より小さい平方数を探す

の3つ。

よって，$n=\underline{3,\ 4,\ 5}$ 答

+α ポイント　根号を用いた数の符号

根号$\sqrt{\ }$を用いた数は，その符号がすぐにわかります。たとえば$\sqrt{5}$は根号$\sqrt{\ }$の前に「＋」の符号が省略されていて，$\sqrt{5}=+\sqrt{5}$です。だから$\sqrt{5}$は正の数だとわかります。

逆に$-\sqrt{6}$などは$\sqrt{\ }$の前に「－」の符号があるので負の数だとわかります。

数検でるでるテーマ 6 平方根③：分母の有理化

数検でるでるポイント 6 分母の有理化 Point

(1) **有理数と無理数**

有理数……分数で表すことのできる数(循環する小数)。

例 $3,\quad -2,\quad 0.2,\quad \dfrac{8}{3}\ (=2.666\cdots\cdots)$ など

無理数……分数で表すことのできない数(循環しない小数)。

例 $\sqrt{3},\quad -\sqrt{5},\quad \sqrt{\dfrac{7}{11}},\quad \pi$(円周率) など

(2) **分母の有理化**……分母に無理数 $\sqrt{■}$ を含む分数があるとき，分子と分母それぞれに同じ数をかけることで，分母に $\sqrt{■}$ を含まない形にする。

$\dfrac{a}{\sqrt{b}}$（b は正の数)の分母の有理化をすると，$\dfrac{a}{\sqrt{b}}\boxed{\times\dfrac{\sqrt{b}}{\sqrt{b}}}=\dfrac{a\sqrt{b}}{b}$

×1となっている

数検でるでる問題

1 次の計算をしなさい。 ★★

$$\sqrt{18}+\frac{3}{\sqrt{2}}$$

2 次の計算をしなさい。 ★★★

$$(2\sqrt{3})^2-\sqrt{12}+\frac{6}{\sqrt{27}}$$

考え方

1 $\dfrac{3}{\sqrt{2}}$ の分母の有理化をまず行なおう。分母が $\sqrt{2}$ だから，$\boxed{\dfrac{\sqrt{2}}{\sqrt{2}}\text{をかけて}}$ 計算する。

2 まず根号内に使われている 12 や 27 をできるだけ小さい数に変形する。根号内の数をすべてそろえ，そのあとは **1** と同様の計算をする。

解答例

1 $\dfrac{3}{\sqrt{2}}$ については，分母を有理化して，

$$\frac{3}{\sqrt{2}}\boxed{\times\frac{\sqrt{2}}{\sqrt{2}}}=\frac{3\sqrt{2}}{2}$$

×1 となっている

したがって，与えられた数式より，

$$\begin{aligned}\sqrt{18}+\frac{3}{\sqrt{2}}&=3\sqrt{2}+\frac{3\sqrt{2}}{2}\\&=\left(3+\frac{3}{2}\right)\sqrt{2}\\&=\frac{9\sqrt{2}}{2}\end{aligned}$$

$\sqrt{2}$ でくくる

答

2 $\dfrac{6}{\sqrt{27}}$ については，

$$\frac{6}{\sqrt{27}}=\frac{6}{3\sqrt{3}}=\frac{2}{\sqrt{3}}=\frac{2}{\sqrt{3}}\boxed{\times\frac{\sqrt{3}}{\sqrt{3}}}=\frac{2\sqrt{3}}{3}$$

小さい数へ　×1 となっている

したがって，与えられた数式より，

$$\begin{aligned}(2\sqrt{3})^2-\sqrt{12}+\frac{6}{\sqrt{27}}&=12-2\sqrt{3}+\frac{2\sqrt{3}}{3}\\&=12+\left(-2+\frac{2}{3}\right)\sqrt{3}\\&=12-\frac{4\sqrt{3}}{3}\end{aligned}$$

$\sqrt{3}$ でくくる

答

+α ポイント　分母の有理化でよくある間違い

分母の有理化を行なうとき，分母のみに根号をかけ算するのは，当然誤りとなります。つまり，

$$\frac{2}{\sqrt{3}}=\frac{2}{\sqrt{3}}\boxed{\times\frac{1}{\sqrt{3}}}=\frac{2}{3}$$

のような計算は誤りです。

分母の有理化は，分数に $\dfrac{\sqrt{■}}{\sqrt{■}}$，すなわち 1 をかけ算することを意識しましょう。

数検でるでるテーマ 7 式の値

数検でるでるポイント 7 式の値 Point

式の中の文字に数をあてはめることを代入するといい，代入して計算した結果を**式の値**という。

式の中の文字にさまざまな値を代入していく作業がこれから多くなる。式の中で扱われている文字が何であるのかをつねに意識しておく必要がある。

数検でるでる問題

1 次の問いに答えなさい。 ★

$a = -4$ のとき，$7a - 10$ の値を求めなさい。

2 次の問いに答えなさい。 ★

$x = \dfrac{2}{3}$ のとき，$-6x + 28$ の値を求めなさい。

3 次の問いに答えなさい。 ★★

$x = -2$ のとき，$2x^2 + 8x$ の値を求めなさい。

考え方

1 $7a - 10$ は a についての式。

2 $-6x + 28$ は x についての式。

3 $2x^2 + 8x$ は x についての式。

解答例

1 $7a-10$ は a についての式である。

$a=-4$ を代入すると，

$7\times(-4)-10$

$=-28-10$

$=\underline{-38}$ 答

2 $-6x+28$ は x についての式である。

$x=\dfrac{2}{3}$ を代入すると，

$-6\times\dfrac{2}{3}+28$

$=-\dfrac{12}{3}+28$

$=-4+28$

$=\underline{24}$ 答

3 $2x^2+8x$ は x についての式である。

$x=-2$ を代入すると，

$2\times(-2)^2+8\times(-2)$

$=2\times4+8\times(-2)$

$(-2)^2=+4$ に注意

$=8-16$

$=\underline{-8}$ 答

+α ポイント　**式 の 値**

ここでは式の中の文字に数を代入して計算することを学びました。代入して計算をするとき，符号を書き間違えたり，代入したあとの分数計算を間違えたりするミスが多いので気をつけましょう。

数検でるでるテーマ 8　文字式の計算①：係数が整数

数検でるでるポイント 8　かっこを含む文字式の計算　Point

手順は次のようになる。

手順① 分配法則を使ってかっこをはずす。

手順② 係数以外の文字の部分がまったく同じ項同士をまとめる。

このことを「同類項をまとめる」という。

例　$3(x-1)-2(3x+4)$

$=3x-3-6x-8$　分配法則（符号に注意）

$=3x-6x-3-8$

$=-3x-11$　同類項をまとめる

数検でるでる問題

1 次の計算をしなさい。★★

$-2(3x-8)+3(-6x+5)$

2 次の計算をしなさい。★★

$4(2x-5)-2(7x-3)$

3 次の計算をしなさい。★★

$-3(2x-1)+2(x-4)$

考え方

1 まず，分配法則を使ってかっこをはずす。$-2(3x-8)$の計算は符号に注意する。最後に同類項をまとめる。

2 分配法則を使ってかっこをはずしてから，同類項をまとめる。$-2(7x-3)$の計算は符号に注意する。

3 **1**，**2** と同じく分配法則を使ってかっこをはずしてから，同類項をまとめるという手順である。$-3(2x-1)$の計算は，符号に注意する。

解答例

1 $-2(3x-8)+3(-6x+5)$

$=-6x+16-18x+15$　←分配法則

$=-6x-18x+16+15$

$=\underline{-24x+31}$ 答　←同類項をまとめる

2 $4(2x-5)-2(7x-3)$

$=8x-20-14x+6$　←分配法則

$=8x-14x-20+6$

$=\underline{-6x-14}$ 答　←同類項をまとめる

3 $-3(2x-1)+2(x-4)$

$=-6x+3+2x-8$　←分配法則

$=-6x+2x+3-8$

$=\underline{-4x-5}$ 答　←同類項をまとめる

+α ポイント　**分配法則を使ってかっこをはずすとき**

よくある間違いとして

$-2(7x-3)=-14x-6$　←符号が間違っている

のように，本来なら$-2\times(-3)=+6$となるところを-6としてしまう符号ミスがあります。かける数の符号ごと分配して計算することに注意しましょう。

数検でるでるテーマ 9　文字式の計算❷：係数が小数・分数

数検でるでるポイント 9　文字係数が小数・分数　Point

基本的に 数検でるでるテーマ 8 **文字式の計算❶**で学んだ手順で行なおう。

注意すべきは

「小数・分数のたし算・ひき算・かけ算」

である。ケアレスミスしやすいので慎重に行なおう。

例　$0.4(3x+1)-1.2(2x+3)$

$=1.2x+0.4-2.4x-3.6$　分配法則（符号に注意）

$=1.2x-2.4x+0.4-3.6$

$=-1.2x-3.2$　同類項をまとめる

数検でるでる問題

1　次の計算をしなさい。　★★

$-1.4(2x-1)+0.3(-3x+2)$

2　次の計算をしなさい。　★★

$0.2(0.5x-1)-1.5(3x-0.2)$

3　次の計算をしなさい。　★★

$\frac{1}{2}\left(\frac{1}{3}x-\frac{1}{2}\right)-\frac{1}{3}\left(\frac{5}{2}x+\frac{1}{3}\right)$

考え方

1　分配法則を使ってかっこをはずす。このときかっこの前にある-1.4や$+0.3$をかっこの中にある数式にかけるので，この計算は慎重に行なおう。

2　かっこの前に0.2や-1.5がある。分配法則を使ってかっこをはずすときに気をつけよう。

3　係数が分数でかかれている。分配法則を使ってかっこをはずしたあとも，通分などの計算でミスをしないように気をつけよう。

解答例

1 $-1.4(2x-1)+0.3(-3x+2)$

$=-2.8x+1.4-0.9x+0.6$　　分配法則

$=-2.8x-0.9x+1.4+0.6$

$=\underline{-3.7x+2}$ 答　　同類項をまとめる

2 $0.2(0.5x-1)-1.5(3x-0.2)$

$=0.1x-0.2-4.5x+0.3$　　分配法則

$=0.1x-4.5x-0.2+0.3$

$=\underline{-4.4x+0.1}$ 答　　同類項をまとめる

3 $\frac{1}{2}\left(\frac{1}{3}x-\frac{1}{2}\right)-\frac{1}{3}\left(\frac{5}{2}x+\frac{1}{3}\right)$

$=\frac{1}{6}x-\frac{1}{4}-\frac{5}{6}x-\frac{1}{9}$　　分配法則

$=\frac{1}{6}x-\frac{5}{6}x-\frac{1}{4}-\frac{1}{9}$

$=-\frac{4}{6}x-\frac{13}{36}$　　同類項をまとめる（通分）

$=\underline{-\frac{2}{3}x-\frac{13}{36}}$ 答

+α ポイント　小数・分数の計算

計算におけるミスの代表的なものとして，

❶ 符号のミス

❷ 小数や分数の計算ミス

の２つがあります。問題をみたときに小数・分数の計算であることをあらかじめ意識して，ミスを防ぎましょう。

数検でるでるテーマ10 文字式の計算③：文字の種類が2種類

数検でるでるポイント10 2種類の文字を扱う Point

基本的に 数検でるでるテーマ8 文字式の計算①で学んだ手順で計算を行なう。

注意すべきは

「それぞれの文字について同類項をまとめる」

ということである。

例 $3(2x-y)-2(x+2y)$

$=6x-3y-2x-4y$ 　分配法則（符号に注意）

$=\underline{6x-2x}\,\underline{\underline{-3y-4y}}$ ←x，y それぞれについてまとめる

$=\underline{4x}\,\underline{\underline{-7y}}$

数検でるでる問題

1 次の計算をしなさい。 ★★

$4(x-3y)+3(-2x+5y)$

2 次の計算をしなさい。 ★★

$-6(-2x+3y)+2(5x-y)$

3 次の計算をしなさい。 ★★

$3(2x-y)-4(3x-4y)$

考え方

1 分配法則を使ってかっこをはずしてから，x，y それぞれについてまとめよう。

2 **1** と同じ流れだが，$(-6)\times(-2x)$の計算での符号ミスに気をつけよう。

3 **1** と同じ流れだが，$(-4)\times(-4y)$の計算での符号ミスに気をつけよう。

解答例

1 $4(x-3y)+3(-2x+5y)$

$=4x-12y-6x+15y$　←分配法則

$=4x-6x-12y+15y$

$=\underline{-2x+3y}$　答　← x，y それぞれについてまとめる

2 $-6(-2x+3y)+2(5x-y)$

$=12x-18y+10x-2y$　←分配法則

$=12x+10x-18y-2y$

$=\underline{22x-20y}$　答　← x，y それぞれについてまとめる

3 $3(2x-y)-4(3x-4y)$

$=6x-3y-12x+16y$　←分配法則

$=6x-12x-3y+16y$

$=\underline{-6x+13y}$　答　← x，y それぞれについてまとめる

+α ポイント　**x，y などの2種類の文字の表記順**

2種類以上の文字を扱った式の表記順はアルファベット順に表すのがふつうです。

つまり，$3y-2x$ とかいてもよいですが，$-2x+3y$ とかくのがふつうです。

数検でるでるテーマ11　文字式の計算④：分　数

数検でるでるポイント11　通　分　Point

分母の異なる分数同士のたし算・ひき算では，まず**通分**が最初の作業となる。

通分とは分母をそろえる作業で，すべての分母の最小公倍数にそろえる。

例
$$\frac{x-y}{4}+\frac{2x+y}{3}$$
3と4の最小公倍数は12なので分母を12にそろえる
$$=\frac{3(x-y)}{12}+\frac{4(2x+y)}{12}$$
それぞれの分子のかっこをはずす
$$=\frac{3x-3y}{12}+\frac{8x+4y}{12}$$
分子をまとめて1つの式にする
$$=\frac{3x-3y+8x+4y}{12}$$
$$=\frac{3x+8x-3y+4y}{12}$$
x，y それぞれについてまとめる
$$=\frac{11x+y}{12}$$

数検でるでる問題

1　次の計算をしなさい。　★★
$$\frac{x+y}{3}+\frac{x-y}{2}$$

2　次の計算をしなさい。　★★
$$\frac{x-2y}{2}-\frac{3x+4y}{5}$$

考え方

1　分母3と2の最小公倍数は6である。分母を6にそろえてから計算しよう。

2　分母2と5の最小公倍数は10である。分母を10にそろえてから計算しよう。

解答例

1

$$\frac{x+y}{3}+\frac{x-y}{2}$$

$$=\frac{2(x+y)}{6}+\frac{3(x-y)}{6}$$

3と2の最小公倍数は6なので分母を6にそろえる

$$=\frac{2x+2y}{6}+\frac{3x-3y}{6}=\frac{2x+2y+3x-3y}{6}$$

$$=\frac{2x+3x+2y-3y}{6}$$

x, y それぞれについてまとめる

$$=\frac{5x-y}{6}$$ 答

2

$$\frac{x-2y}{2}-\frac{3x+4y}{5}$$

$$=\frac{5(x-2y)}{10}-\frac{2(3x+4y)}{10}$$

2と5の最小公倍数は10なので分母を10にそろえる

$$=\frac{5x-10y}{10}-\frac{6x+8y}{10}$$

$$=\frac{5x-10y-(6x+8y)}{10}$$

まとめたときに符号の間違いを防ぐために $6x+8y$ をかっこでかこむ

$$=\frac{5x-10y-6x-8y}{10}$$

かっこをはずす
符号に注意

$$=\frac{5x-6x-10y-8y}{10}$$

x, y それぞれについてまとめる

$$=\frac{-x-18y}{10}$$ 答

+α ポイント　最小公倍数を求める

最小公倍数とはお互いの倍数で共通となる倍数のうち，最も小さい数のことです。問題 **1** では3と2の最小公倍数が6であることを用いて分母を6にそろえました。これは

3の倍数　3, (6), 9, 12, ……　共通!!
2の倍数　2, 4, (6), 8, ……

ということです。しかし，4と6の最小公倍数は $4\times6=24$ ではありません。

4の倍数　4, 8, (12), 16, ……　共通!!
6の倍数　6, (12), 18, 24, ……　となり最小公倍数は12となります。

数検でるでるテーマ12　文字式の計算⑤：かけ算・わり算

数検でるでるポイント12　文字式のかけ算・わり算　Point

(1)　**文字式のかけ算**

文字の右肩についている数(指数)に注意して計算する。

例　$x^2y\times x^3y^2 = x^2\times y\times x^3\times y^2 = x^2\times x^3\times y\times y^2 = x^5y^3$

$(xy^2)^2 = xy^2\times xy^2 = x\times y^2\times x\times y^2 = x\times x\times y^2\times y^2 = x^2y^4$

(2)　**文字式のわり算**

逆数をかけることにより，分数の形に直してから計算する。

例　$x^3y^2 \div xy = x^3y^2 \times \frac{1}{xy} = \frac{x^3y^2}{xy} = x^2y$

逆数をかける　約分する

数検でるでる問題

1　次の計算をしなさい。★★

$24x^3y^3\div(-4xy^2)$

2　次の計算をしなさい。★★★

$\frac{36}{5}x^3y^3\div\left(\frac{6}{5}x^2y^2\right)^2\times x^3y$

考え方

1　文字式のわり算である。$\div(-4xy^2)$を$\times\frac{1}{-4xy^2}$と変形して計算しよう。

2　文字式のかけ算・わり算である。まず$\left(\frac{6}{5}x^2y^2\right)^2$のかっこをはずすことを考える。

この計算のあと，わり算を行なう。

解答例

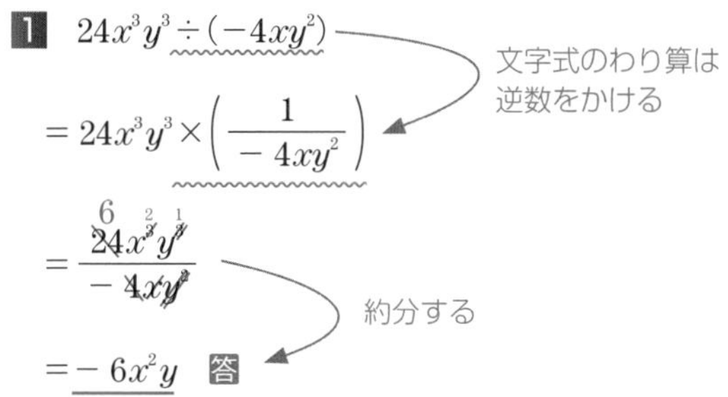

1 $24x^3y^3 \div (-4xy^2)$

文字式のわり算は逆数をかける

$$= 24x^3y^3 \times \left(\frac{1}{-4xy^2}\right)$$

$$= \frac{24x^3y^3}{-4xy^2}$$

約分する

$$= -6x^2y \quad \text{答}$$

2 $\frac{36}{5}x^3y^3 \div \left(\frac{6}{5}x^2y^2\right)^2 \times x^3y$

かっこをはずす
$(x^2)^2 = x^2 \times x^2 = x^4$

$$= \frac{36}{5}x^3y^3 \div \frac{36x^4y^4}{25} \times x^3y$$

文字式のわり算は逆数をかける

$$= \frac{36}{5}x^3y^3 \times \frac{25}{36x^4y^4} \times x^3y$$

$$= \frac{36x^3y^3 \times 25 \times x^3y}{5 \times 36x^4y^4}$$

約分する

$$= 5x^2 \quad \text{答}$$

+α ポイント　分数のかけ算・わり算

2の問題では $\frac{36}{5} \div \frac{36}{25} = \frac{36}{5} \times \frac{25}{36}$ のような分数のかけ算・わり算がありました。

つまり，分数のかけ算・わり算では，扱う数(文字)が計算すると分母にくるのか，分子にくるのかの判断が大切になります。たとえば，

$$\frac{b}{a} \div \frac{d}{c} = \frac{b}{a} \times \frac{c}{d} = \frac{bc}{ad}$$

となります。a, b, c, d がそれぞれ分母，分子どちらにくるのかを考えましょう。

数検でるでるテーマ13 式の展開❶：$(ax+b)^2$

数検でるでるポイント13 式の展開（平方） Point

(1) 分配法則

$$(a+b)(c+d)=\underset{①}{ac}+\underset{②}{ad}+\underset{③}{bc}+\underset{④}{bd}$$

(2) 式の展開（平方）

$$\begin{aligned}(ax+b)^2&=(ax+b)(ax+b)\\&=ax\times ax+ax\times b+b\times ax+b\times b\\&=a^2x^2+abx+abx+b^2\\&=a^2x^2+2abx+b^2\end{aligned}$$

分配法則

同類項をまとめる

よって，

$$(ax+b)^2=a^2x^2+2abx+b^2$$

ax の2乗　b の2乗

$2\times ax\times b$

数検でるでる問題

1 次の式を展開して計算しなさい。 ★

$(x+1)(x-3)$

2 次の式を展開して計算しなさい。 ★★

$(x+2)^2$

3 次の式を展開して計算しなさい。 ★★

$(2x-5)^2$

1 分配法則を使って展開する。展開したあと，x の項をまとめる。

2 式の展開(平方)を使って展開する。展開したときの x の項は，$2\times x\times 2$ となる。

3 式の展開(平方)を使って展開する。展開したときの x の項は，$2\times 2x\times(-5)$ となる。

1 $(x+1)(x-3)$

$= x\times x + x\times(-3) + 1\times x + 1\times(-3)$　←分配法則

$= x^2 - 3x + x - 3$　←同類項をまとめる

$= x^2 - 2x - 3$　答

2 $(x+2)^2$

$= x^2 + 2\times x\times 2 + 2^2$　←真ん中の項は $2\times x\times 2$ 2をかけるのを忘れずに！

$= x^2 + 4x + 4$　答

3 $(2x-5)^2$

$= (2x)^2 + 2\times 2x\times(-5) + (-5)^2$　←真ん中の項は $2\times 2x\times(-5)$ 2をかけるのを忘れずに！

$= 4x^2 - 20x + 25$　答

+α ポイント　**式の展開(平方)における注意**

x の項(真ん中の項)における2倍($2\times$)を忘れずに行ないましょう。

数検でるでるテーマ14　式の展開②：$(x+a)(x-a)$

数検でるでるポイント14　式の展開（和と差の積）　Point

$(x+a)(x-a)$

x と a の和　x と a の差

分配法則

$= x^2 - ax + ax - a^2$

打ち消し合う

同類項をまとめると
x の項が消える

$= x^2 - a^2$

よって，

$$(x+a)(x-a) = x^2 - a^2$$

x の2乗　a の2乗

ここの符号はマイナス

数検でるでる問題

1　次の式を展開して計算しなさい。　★

$(x+2)(x-2)$

2　次の式を展開して計算しなさい。　★

$(x-5)(x+5)$

考え方

1　式の展開（和と差の積）を使って展開する。展開したとき x の項は消える。さらに $2^2 = 4$ である。

2　式の展開（和と差の積）を使って展開する。展開したとき x の項は消える。さらに $5^2 = 25$ である。

解答例

1 $(x+2)(x-2)$
xと2の和　xと2の差

$= x^2 ㊀ 2^2$　←符号は「マイナス」

$= \underline{x^2-4}$　答

2 $(x-5)(x+5)$

$=(x+5)(x-5)$　←和と差の積の形に入れかえるとわかりやすい
xと5の和　xと5の差

$= x^2 ㊀ 5^2$　←符号は「マイナス」

$= \underline{x^2-25}$　答

+α ポイント　**分配法則でもやってみよう！**

数学では時間短縮のために公式を用いて計算することが多いですが，公式を思い出せないときは地道に計算するのも1つの方法です。

1なら

$$(x+2)(x-2) = x \times x + x \times (-2) + 2 \times x + 2 \times (-2)$$
$$= x^2 - 2x + 2x - 4$$
打ち消し合う
$$= x^2 - 4$$

という計算から答えが算出できますね。

数検でるでるテーマ15 式の展開③：$(ax+b)(cx+d)$

数検でるでるポイント15 式の展開（たすきがけ） Point

$$
\begin{aligned}
&(ax+b)(cx+d) \\
&= acx^2 + adx + bcx + bd \quad \text{分配法則} \\
&= acx^2 + (ad+bc)x + bd \quad \text{同類項をまとめる}
\end{aligned}
$$

よって，

$$(ax+b)(cx+d) = \underbrace{acx^2}_{①} + \underbrace{(ad+bc)}_{③}x + \underbrace{bd}_{②}$$

a，b，c，d のみをかいた下の表を考えると，

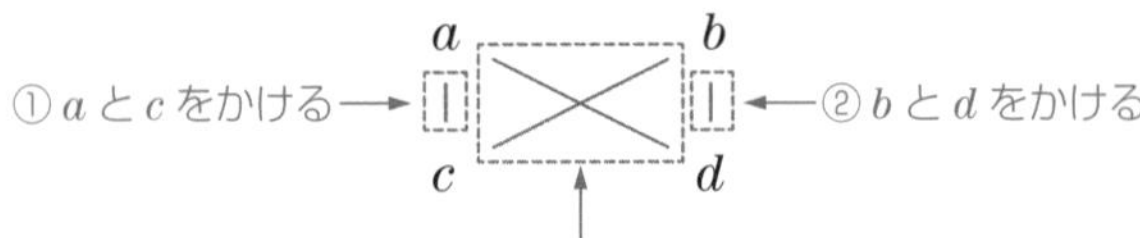

のようにどれとどれをかけるのかがわかりやすくなる。

数検でるでる問題

1 次の式を展開して計算しなさい。 ★★

$(4x+1)(3x-2)$

2 次の式を展開して計算しなさい。 ★★

$(2x-3)(3x-4)$

考え方

1 式の展開（たすきがけ）を使って展開する。展開したときの x の項は，

$\{\underbrace{4\times(-2)+1\times3}_{\text{たすきがけ}}\}\times x$ となる。

2 式の展開（たすきがけ）を使って展開する。展開したときの x の項は，

$\{\underbrace{2\times(-4)+(-3)\times3}_{\text{たすきがけ}}\}\times x$ となる。

解答例

1 $(4x+1)(3x-2)$

$= 4\times 3\times x^2 + \{4\times(-2)+1\times 3\}\times x + 1\times(-2)$

$= 12x^2 + \{-8+3\}x - 2$

$= \underline{12x^2 - 5x - 2}$ 答

2 $(2x-3)(3x-4)$

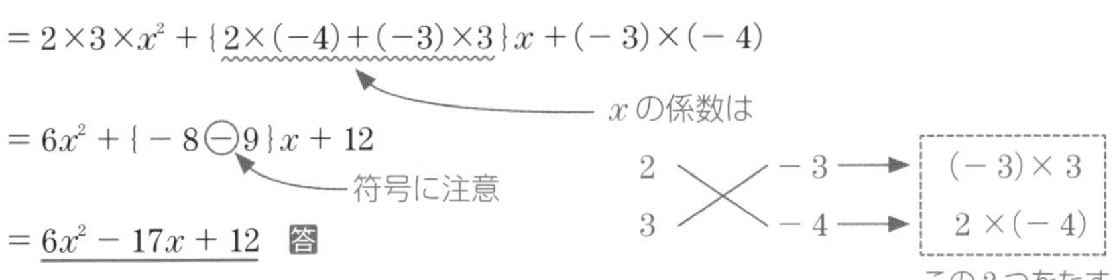

$= 2\times 3\times x^2 + \{2\times(-4)+(-3)\times 3\}x + (-3)\times(-4)$

$= 6x^2 + \{-8-9\}x + 12$

$= \underline{6x^2 - 17x + 12}$ 答

+α ポイント　あえてパズルのように計算する

1，**2** の問題は，ともに展開したあとの形は，

●x^2 ＋■x ＋▲

となります。つまり，●と■と▲にあてはまる数を求めれば結果がわかります。

1 の問題を例に考えてみましょう。

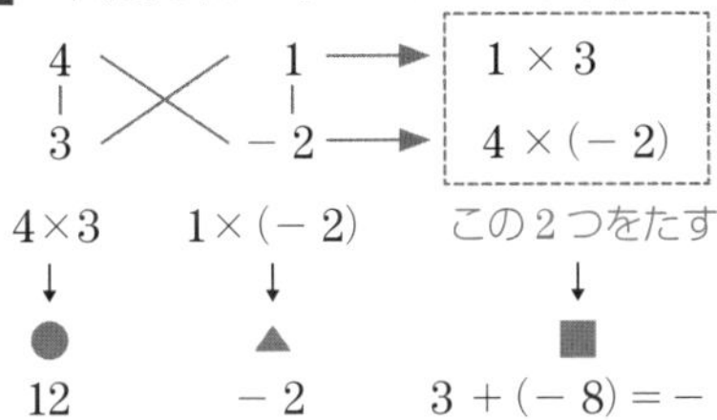

数検でるでるテーマ16　因数分解①：$x^2+2ax+a^2$, $x^2-2ax+a^2$

数検でるでるポイント16　因数分解（平方）　Point

(1)　$x^2+2ax+a^2=(x+a)^2$

$+2a$ の半分の2乗が $+a^2$

x の項の係数 $+2a$ の半分の2乗が定数項 a^2 と等しい。

(2)　$x^2-2ax+a^2=(x-a)^2$

$-2a$ の半分の2乗が $+a^2$

x の項の係数 $-2a$ の半分の2乗が定数項 a^2 と等しい。

数検でるでる問題

1　次の式を因数分解しなさい。　★★

$x^2+8x+16$

2　次の式を因数分解しなさい。　★★

x^2-6x+9

3　次の式を因数分解しなさい。　★★

$x^2+3x+\frac{9}{4}$

考え方

1　x の項の係数 $+8$ の半分，$+4$ の2乗が定数項の $+16$ となっていることに注目しよう。

2　x の項の係数 -6 の半分，-3 の2乗が定数項の $+9$ となっていることに注目しよう。

3　x の項の係数 $+3$ の半分，$+\frac{3}{2}$ の2乗が定数項の $+\frac{9}{4}$ となっていることに注目しよう。

解答例

1 $x^2 \textcircled{+8} x + 16$ ⬅ $+8$ の半分 $(+4)$ の 2 乗は $+16$

$= x^2 + 2 \times 4 \times x + 4^2$

$= \underline{(x+4)^2}$ 答

2 $x^2 \textcircled{-6} x + 9$ ⬅ -6 の半分 (-3) の 2 乗は $+9$

$= x^2 + 2 \times (-3) \times x + (-3)^2$

$= \underline{(x-3)^2}$ 答

3 $x^2 \textcircled{+3} x + \frac{9}{4}$ ⬅ $+3$ の半分 $\left(+\frac{3}{2}\right)$ の 2 乗は $+\frac{9}{4}$

$= x^2 + 2 \times \frac{3}{2} \times x + \left(\frac{3}{2}\right)^2$

$= \underline{\left(x+\frac{3}{2}\right)^2}$ 答

+α ポイント　**因数分解（平方）のヒント**

x の 2 乗の項と定数項を見てみましょう。

1 は x^2 と $+16$, **2** は x^2 と $+9$, **3** は x^2 と $+\frac{9}{4}$ となっています。

このとき, x^2, $+16$, $+9$, $+\frac{9}{4}$ はすべて平方数となっています。x^2 の項と定数項が平方数ならば, 因数分解（平方）を考えてみましょう。

数検でるでるテーマ17

因数分解②：$x^2 - a^2$

数検でるでるポイント17　因数分解（和と差の積）　Point

$x^2 - a^2 = (x + a)(x - a)$

●²−■²　●+■　●−■

●²−■²（2乗ひく2乗）の形の数式は，

●+■（和）と●−■（差）の積（かけ算）

に変形できる。

数検でるでる問題

1　次の式を因数分解しなさい。　★

$x^2 - 9$

2　次の式を因数分解しなさい。　★★

$4x^2 - \dfrac{9}{16}$

3　次の式を因数分解しなさい。　★★★

$25x^2 - 4y^2$

考え方

1　x^2を●²，9を■²とみると，2乗ひく2乗の形になっている。
因数分解（和と差の積）を使って変形しよう。

2　$4x^2 = (2x)^2$を●²，$\dfrac{9}{16}$を■²とみると，2乗ひく2乗の形になっている。
因数分解（和と差の積）を使って変形しよう。

3　$25x^2 = (5x)^2$を●²，$4y^2 = (2y)^2$を■²とみると，2乗ひく2乗の形になっている。
因数分解（和と差の積）を使って変形しよう。

第1章 第2章 第3章 第4章 第5章

解答例

1 x^2-9 ← 2乗ひく2乗の形 (x^2) (3^2)

$=x^2-3^2$

$=\underline{(x+3)(x-3)}$ 答

2 $4x^2-\dfrac{9}{16}$ ← 2乗ひく2乗の形 $((2x)^2)$ $\left(\left(\dfrac{3}{4}\right)^2\right)$

$=(2x)^2-\left(\dfrac{3}{4}\right)^2$

$=\underline{\left(2x+\dfrac{3}{4}\right)\left(2x-\dfrac{3}{4}\right)}$ 答

3 $25x^2-4y^2$ ← 2乗ひく2乗の形 $((5x)^2)$ $((2y)^2)$

$=(5x)^2-(2y)^2$

$=\underline{(5x+2y)(5x-2y)}$ 答

+α ポイント　因数分解(和と差の積)のヒント

数式で扱われている2つの項をみてみましょう。

1 は x^2 と -9, **2** は $4x^2$ と $-\dfrac{9}{16}$, **3** は $25x^2$ と $-4y^2$ となっています。後ろにある項が $-$(マイナス)●の形になっていることに注意しましょう。

数検でるでるテーマ18

因数分解③：$x^2+(a+b)x+ab$

数検でるでるポイント18　因数分解（乗法公式）　Point

$$x^2+(a+b)x+ab=(x+a)(x+b)$$

和が $a+b$　積が ab

x の項の係数が $a+b$（a と b の和），定数項が ab（a と b の積）となっている。

例　$x^2-4x+3=x^2+(-1-3)x+(-1)\times(-3)$

-4 は -1 と -3 の和　3 は -1 と -3 の積

$=(x-1)(x-3)$

数検でるでる問題

1　次の式を因数分解しなさい。　★★

x^2-5x+4

2　次の式を因数分解しなさい。　★★

$x^2+2x-15$

3　次の式を因数分解しなさい。　★★

x^2-6x-7

考え方

1　x の項の係数 -5 は -1 と -4 の和，定数項 4 は -1 と -4 の積と考えることができる。

2　x の項の係数 $+2$ は $+5$ と -3 の和，定数項 -15 は $+5$ と -3 の積と考えることができる。

3　x の項の係数 -6 は $+1$ と -7 の和，定数項 -7 は $+1$ と -7 の積と考えることができる。

1 $x^2 - 5x + 4$

$= x^2 + (-1-4)x + (-1)\times(-4)$　⬅-5は-1と-4の和
$+4$は-1と-4の積

$= (x-1)(x-4)$　答

2 $x^2 + 2x - 15$

$= x^2 + (+5-3)x + (+5)\times(-3)$　⬅$+2$は$+5$と-3の和
-15は$+5$と-3の積

$= (x+5)(x-3)$　答

3 $x^2 - 6x - 7$

$= x^2 + (+1-7)x + (+1)\times(-7)$　⬅-6は$+1$と-7の和
-7は$+1$と-7の積

$= (x+1)(x-7)$　答

+α ポイント　**因数分解(乗法公式)を使うとき**

この因数分解を使うときは，定数項を2つの数の積で表すことから考えます。

1だと定数項が4なので，1×4，$(-1)\times(-4)$，2×2，$(-2)\times(-2)$の4パターンを考えることができます。そのパターンから，2つの数の和がxの項の係数と一致するものを選びます。

数検でるでるテーマ19 因数分解④：総合問題

数検でるでるポイント19 因数分解（手順） Point

手順は次のようになる。

手順① ある文字について整理する。

手順② 共通因数はくくり出す。

手順③ 公式を使う。

3つの手順は上から順に行なうときもあれば，手順③のあとに手順①を使うこともある。

3つの手順を常に使えるように準備しておこう。

数検でるでる問題

1 次の式を因数分解しなさい。 ★★

$2x^2 - 2x - 12$

2 次の式を因数分解しなさい。 ★★★

$(x + 3)^2 - y^2$

考え方

1 $2x^2$，$-2x$，-12 の3つの項に共通因数2がある。まず2をくくり出してから考える。

2 $(x + 3)^2$ を $●^2$，y^2 を $■^2$ とみなすと 数検でるでるテーマ17 **因数分解②**で学んだ公式が使える。

解答例

1 $2x^2-2x-12$

$=2(x^2-x-6)$　共通因数2をくくり出す

$=2\{x^2+(+2-3)x+(+2)\times(-3)\}$　←-1は$+2$と-3の和，-6は$+2$と-3の積

$=\underline{2(x+2)(x-3)}$　答

2 $(x+3)^2-y^2$

$x+3=A$とおくと

$(x+3)^2-y^2$

$=A^2-y^2$　←●^{2} −■^{2} の形

$=(A+y)(A-y)$　←和と差の積

$=(x+3+y)(x+3-y)$　Aを$x+3$にもどす

$=\underline{(x+y+3)(x-y+3)}$　答

+α ポイント　**ある文字について整理するとは？**

2種類以上の文字が使われている式を因数分解するときは，ある文字について整理することが必要です。つまり1つの文字だけを文字とみなして，それ以外の文字はすべて数字のようにみなすということです。たとえばx^2yという項においてxを文字，yを数字とみなすときはyx^2とかき直します。これがxについて整理したということになります。

たとえば，$6x^2$とはかきますが，x^26とかくことはあまりありません。数字とみなされるyをx^2の前につけることで整理することができます。

数検でるでるテーマ20 1次方程式❶：係数が整数

数検でるでるポイント20 1次方程式の解き方 Point

手順は次のようになる。

手順1 x（文字）はすべて左辺，数字はすべて右辺に集め，まとめる。

手順2 x（文字）の係数で両辺をわる。

例

$$4x - 1 = 2x + 5$$

文字は左辺に，数字は右辺に移項する

$$4x - 2x = 5 + 1$$

まとめる

$$2x = 6$$

両辺を2でわる

$$x = 3$$

方程式の解

方程式の解とは，文字にあてはめたときに等号が成り立つ数のことを表す。たとえば，$2x - 1 = 0$ をみたす x は $x = \frac{1}{2}$ であり，これを方程式の解という。

数検でるでる問題

1 次の方程式を解きなさい。 ★★

$$15x - 28 = 10x + 2$$

2 次の方程式を解きなさい。 ★★

$$6x - 4 = 7x - 3$$

考え方

1 $10x$ は左辺に，-28 は右辺に移項して，まとめよう。あとは x の係数で両辺をわればよい。

2 $7x$ は左辺に，-4 は右辺に移項して，まとめよう。あとは x の係数で両辺をわればよい。

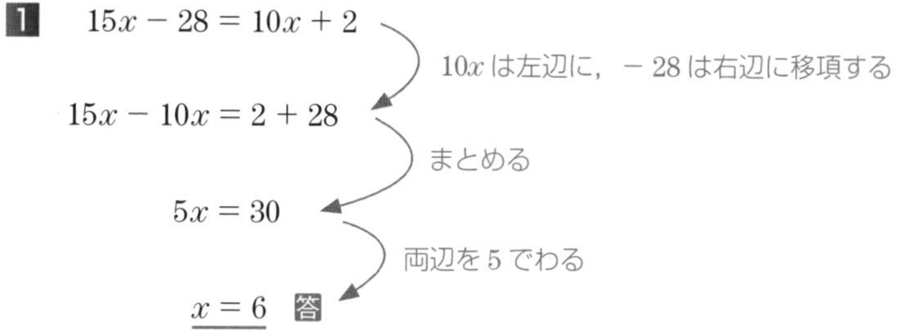

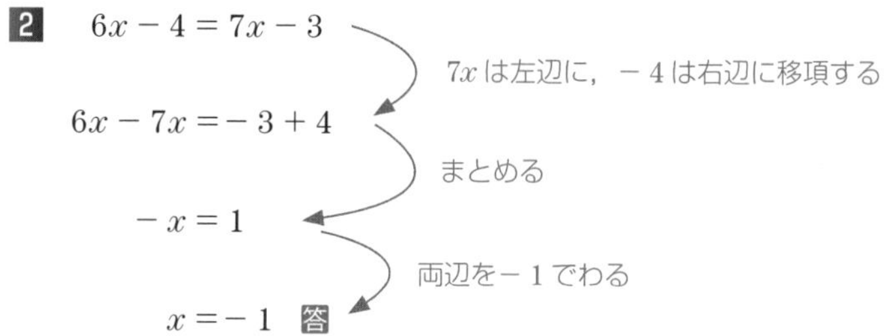

+α ポイント　方程式を解くとは

x についての 1 次方程式を解くとは，文字である x にあてはまる数を答えるということです。

過程をかかせる問題においては移項して，同類項をまとめ，両辺を x の係数でわるという計算過程をきちんとかきましょう。しかし暗算で x にあてはまる数を見つけることも頭をきたえる訓練となります。

たとえば，$2x - 3 = 0$ とあれば x にあてはまる数は $x = \dfrac{3}{2}$ だとわかります。きちんとかくことだけでなく考えることもきたえておきましょう。

数検でるでるテーマ21　1次方程式②：係数が小数・分数

数検でるでるポイント21　小数・分数を整数に直す　Point

小数・分数の計算はミスをしやすい。

方程式の両辺に同じ数をかけて，**小数・分数を整数に直す**と解きやすくなる。

例 (1) $\frac{1}{2}x + \frac{1}{3} = \frac{1}{6}x - \frac{1}{2}$　両辺に6をかける

$3x + 2 = x - 3$

(2) $1.2x - 0.2 = 0.5x + 1.2$　両辺に10をかける

$12x - 2 = 5x + 12$

数検でるでる問題

1 次の方程式を解きなさい。★★

$$\frac{12x - 5}{3} = \frac{7}{2}x - \frac{1}{6}$$

2 次の方程式を解きなさい。★★

$$0.3x + 1.2 = -1.1x - 1.6$$

考え方

1 係数に分数が使われている方程式である。分母には3と2と6がある。3と2と6の最小公倍数は6なので，両辺に6をかけて分数を整数に直してから解くようにしよう。

2 係数に小数が使われている方程式である。0.3，1.2，－1.1，－1.6はすべて小数第1位までの数だから，両辺に10をかけて分数を整数に直してから解くようにしよう。

解答例

1 $\dfrac{12x-5}{3}=\dfrac{7}{2}x-\dfrac{1}{6}$

両辺に 6 をかける

$2(12x-5)=3\times 7x-1$

$24x-10=21x-1$

$21x$ は左辺に，-10 は右辺に移項する

$24x-21x=-1+10$

まとめる

$3x=9$

両辺を 3 でわる

$\underline{x=3}$ 答

2 $0.3x+1.2=-1.1x-1.6$

両辺に 10 をかける

$3x+12=-11x-16$

$-11x$ は左辺に，$+12$ は右辺に移項する

$3x+11x=-16-12$

まとめる

$14x=-28$

両辺を 14 でわる

$\underline{x=-2}$ 答

+α ポイント　ケアレスミスを防ぐ

数学でケアレスミスが多くなる計算は，小数・分数を扱う計算と符号のややこしい計算です。今回は両辺に同じ数をかけて式を簡単にしてから計算をすることで，ケアレスミスを防ぐ工夫をしています。

数検でるでるテーマ22　等式の変形：●について解く

数検でるでるポイント22　●について解く　Point

等式において，ある文字●に対して

●について解くとは，等式を変形して

「● = ～」

の形をつくることである。

例　等式 $3x + 2y = 1$ を x について解きなさい。

$$3x + 2y = 1$$

$2y$ を左辺から右辺に移項する

$$3x = -2y + 1$$

x の係数 3 で両辺をわる

$$x = -\frac{2}{3}y + \frac{1}{3}$$

数検でるでる問題

1 次の問いに答えなさい。　★★

等式 $2x - 3y = 1$ を x について解きなさい。

2 次の問いに答えなさい。　★★

等式 $a = -5b - 6$ を b について解きなさい。

考え方

1 x について解くから，等式を変形して「$x =$～」の形をつくる。
つまり，$-3y$ を左辺から右辺に移項してから，x の係数 2 で両辺をわる。

2 b について解くから，等式を変形して「$b =$～」の形をつくる。
つまり，$-5b$ を右辺から左辺に，a を左辺から右辺に移項してから，b の係数 5 で両辺をわる。

解答例

1

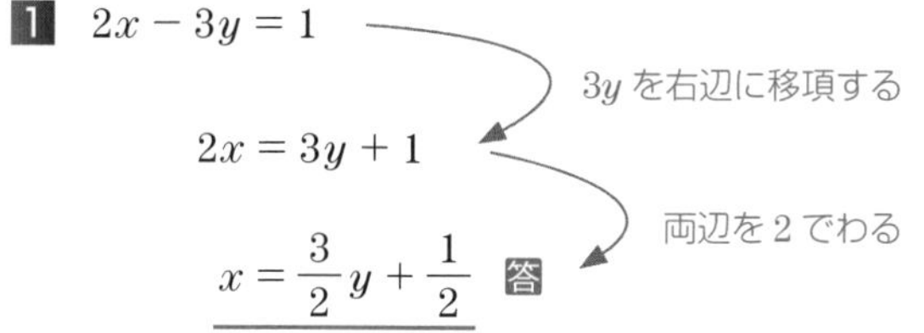

$$2x - 3y = 1$$

$3y$ を右辺に移項する

$$2x = 3y + 1$$

両辺を 2 でわる

$$x = \frac{3}{2}y + \frac{1}{2}$$ 答

2

$$a = -5b - 6$$

a は右辺に，$-5b$ は左辺に移項する

$$5b = -a - 6$$

両辺を 5 でわる

$$b = -\frac{1}{5}a - \frac{6}{5}$$ 答

+α ポイント　**かくことと考えること**

今回の●**について解く**では移項してから，両辺をある数でわる計算を行ないました。途中の計算過程などをかかなければならない問題では，途中の計算を省略しすぎると減点される場合もあるので，消さずに残しておくことを心がけましょう。答えのみをかく問題では，計算をかかずに頭で処理することも重要な訓練になります。

数検でるでるテーマ23　連立方程式①：係数が整数

数検でるでるポイント23　連立方程式の解き方　Point

連立方程式の解き方には，次の2つの方法がある。

方法①　加減法

2つの式のうち，一方または両方を何倍かしてどちらかの文字の係数をそろえて，2つの式をたしたり，ひいたりしてその文字を消す。

方法②　代入法

2つの式のうち，一方または両方が，ある文字について解いてあるとき，その式を他方の式に代入して文字を消す。

例

(1) $\begin{cases} 2x + y = 3 & \cdots\cdots ① \\ x - 2y = -1 & \cdots\cdots ② \end{cases}$

①×2+②より，⬅①を2倍して②をたす

$$\begin{array}{rl} 4x + 2y &= 6 \\ +)\quad x - 2y &= -1 \\ \hline 5x \quad\quad &= 5 \end{array}$$

⬅yを消去する

$x = 1$

$x = 1$を①に代入して，

$2\times1 + y = 3$　⬆$x = 1$を①か②に代入する

$y = 1$

よって，$x = 1$，$y = 1$

(2) $\begin{cases} x + 2y = 1 & \cdots\cdots ① \\ y = x - 4 & \cdots\cdots ② \end{cases}$ ⬅yについて解いてある

②を①に代入して，

$x + 2(x - 4) = 1$　⬅yを消去する

$x + 2x - 8 = 1$

$3x = 9$

$x = 3$

$x = 3$を②に代入して，⬅②はyについて解いてあるので$x = 3$を②に代入する

$y = 3 - 4$

$y = -1$

よって，$x = 3$，$y = -1$

数検でるでる問題

1　次の連立方程式を解きなさい。　★★

$$\begin{cases} 3x - 5y = -2 \\ 2x + y = 3 \end{cases}$$

2　次の連立方程式を解きなさい。　★★

$$\begin{cases} y = x + 1 \\ 4x - 3y = -1 \end{cases}$$

考え方

1 y を消すために，$2x+y=3$ を5倍して，$3x-5y=-2$ をたす。

2 $y=x+1$ は y についての式である。$4x-3y=-1$ に代入して y を消す。

解答例

1 $\begin{cases} 3x-5y=-2 & \cdots\cdots① \\ 2x+y=3 & \cdots\cdots② \end{cases}$

①+② ×5 を計算すると，　⬅加減法

$$\begin{array}{rl} & 3x-5y=-2 \\ +) & 10x+5y=15 \\ \hline & 13x \quad\quad =13 \\ & x=1 \end{array}$$

$x=1$ を②に代入して，　⬅$x=1$ を①に代入してもよい

$2\times1+y=3$

$y=3-2$

$y=1$

よって，

$x=1$，$y=1$　答

2 $\begin{cases} y=x+1 & \cdots\cdots① \\ 4x-3y=-1 & \cdots\cdots② \end{cases}$

①を②に代入して，　⬅代入法

$4x-3(\underline{x+1})=-1$

$4x-3x-3=-1$

$4x-3x=-1+3$

$x=2$

$x=2$ を①に代入して，　⬅①は y について解いてあるので，$x=2$ を①に代入する

$y=2+1$

$y=3$

よって，

$x=2$，$y=3$　答

+α ポイント　**加減法？　それとも代入法？**

2つの方法によって連立方程式を解きましたが，どちらの方法を用いても結果は同じです。たくさんの問題を解いて，より簡単に解答にたどりつくにはどちらの方法がよいかを，問題をみて判断できるようになりましょう。

数検でるでるテーマ24 連立方程式②：係数が小数・分数

数検でるでるポイント24 小数・分数を整数に直す Point

数検でるでるテーマ 21 **1次方程式②**で学んだように，小数・分数の計算はミスしやすい計算である。

方程式の両辺を何倍かして，係数を整数に直してから，数検でるでるテーマ 23 **連立方程式①**で学んだ加減法か代入法を使おう。

例
$$\begin{cases} 0.3x + 0.2y = 1.2 & \cdots\cdots① \\ \dfrac{1}{3}x - \dfrac{1}{4}y = -\dfrac{1}{12} & \cdots\cdots② \end{cases}$$

①の両辺を10倍して，

$$3x + 2y = 12 \quad \cdots\cdots①'$$

②の両辺を12倍して，

$$4x - 3y = -1 \quad \cdots\cdots②'$$

①′，②′について解こう。

（ちなみに解は $x = 2$，$y = 3$）

数検でるでる問題

1 次の連立方程式を解きなさい。 ★★

$$\begin{cases} 0.2x + 0.3y = 0.7 \\ \dfrac{1}{3}x - \dfrac{1}{6}y = \dfrac{1}{2} \end{cases}$$

2 次の連立方程式を解きなさい。 ★★

$$\begin{cases} -0.4x + 0.5y = -0.2 \\ \dfrac{1}{6}x - \dfrac{1}{4}y = \dfrac{1}{3} \end{cases}$$

1 $0.2x + 0.3y = 0.7$ は両辺を10倍する。

$\dfrac{1}{3}x - \dfrac{1}{6}y = \dfrac{1}{2}$ は，分母の最小公倍数6を両辺にかける。

2 $-0.4x + 0.5y = -0.2$ は両辺を10倍する。

$\dfrac{1}{6}x - \dfrac{1}{4}y = \dfrac{1}{3}$ は，分母の最小公倍数12を両辺にかける。

解答例

1 $\begin{cases} 0.2x + 0.3y = 0.7 & \cdots\cdots① \\ \dfrac{1}{3}x - \dfrac{1}{6}y = \dfrac{1}{2} & \cdots\cdots② \end{cases}$

①の両辺を10倍して，

$2x + 3y = 7$ ……①′

②の両辺を6倍して，　⬅6は分母にある3と6と2の最小公倍数

$2x - y = 3$ ……②′

①′−②′を計算すると，

$$\begin{array}{rr} & 2x + 3y = 7 \\ -) & 2x - \ \ y = 3 \\ \hline & 4y = 4 \\ & y = 1 \end{array}$$

$y = 1$ を②′に代入して，

$2x - 1 = 3$

$2x = 4$

$x = 2$

よって，

$x = 2,\ y = 1$ 答

2 $\begin{cases} -0.4x + 0.5y = -0.2 & \cdots\cdots① \\ \dfrac{1}{6}x - \dfrac{1}{4}y = \dfrac{1}{3} & \cdots\cdots② \end{cases}$

①の両辺を10倍して，

$-4x + 5y = -2$ ……①′

②の両辺を12倍して，　⬅12は分母にある6と4と3の最小公倍数

$2x - 3y = 4$ ……②′

①′+②′×2を計算すると，

$$\begin{array}{rr} & -4x + 5y = -2 \\ +) & 4x - 6y = 8 \\ \hline & -y = 6 \\ & y = -6 \end{array}$$

$y = -6$ を②′に代入して，

$2x - 3 \times (-6) = 4$

$2x + 18 = 4$

$2x = -14$

$x = -7$

よって，

$x = -7,\ y = -6$ 答

+α ポイント　連立方程式を解くときは……

解答内の連立方程式にかいてあった

$\begin{cases} 0.2x + 0.3y = 0.7 & \cdots\cdots① \\ \dfrac{1}{3}x - \dfrac{1}{6}y = \dfrac{1}{2} & \cdots\cdots② \end{cases}$ ⬅ココ！

のように，式の末尾に「……●」と番号を振ることがあります。これは説明をしやすくするためにかくのが第一の理由ですが，自分自身がどの式を扱っているのかを意識するためのものでもあります。かく習慣をつけましょう。

数検でるでるテーマ25 連立方程式③：文章題

数検でるでるポイント25 連立方程式のつくり方 Point

次のような手順で行なう。

手順① 求める2つの値をそれぞれx, yとおく。

手順② xとyを用いた方程式を2つつくる。

手順③ 加減法または代入法を用いて解く。 ← 数検でるでるテーマ 23 連立方程式①

手順② は等式(「＝」イコールを使った式)をつくることである。何の値で等式をつくるのかをよく考えよう。

数検でるでる問題

1 次の問いに答えなさい。 ★★

箱Aの中に入っている14個のボールすべてを，6人で運んで箱Bに移そうとしています。ただし，1人が運ぶことのできるボールの個数は，2個または3個であるとします。2個移す作業をした人をx人，3個移す作業をした人をy人として，連立方程式をつくり，xとyの値を求めなさい。

2 次の問いに答えなさい。 ★★★

おみやげにケーキを買っていくことにしました。ケーキAは350円，ケーキBは400円です。この2種類のケーキを2600円で合計7個買うためには，ケーキAとケーキBはそれぞれ何個買えばよいですか。

考え方

1 まずは作業を合計6人で行なうという条件から，$x+y=6$がつくれる。次に6人の作業が終わったときに箱Aから箱Bに$2x+3y$(個)のボールが移っていることに気づこう。

2 ケーキAをx個，ケーキBをy個買うとして考えよう。

解答例

1 ボールを運ぶ作業をした人は合計6人だから，

$x + y = 6$ ……①

が成り立つ。

また，この作業で箱Aから箱Bに移るボールの個数は，

$2x + 3y$(個)

である。移さないといけないボールの個数は14個であるから，

$2x + 3y = 14$ ……②

が成り立つ。

①×3－②を計算すると，⬅加減法

$$\begin{array}{rl} & 3x + 3y = 18 \\ -) & 2x + 3y = 14 \\ \hline & x \qquad = 4 \end{array}$$

$x = 4$を①に代入して，

$4 + y = 6$

$y = 2$

よって，

$x = 4,\ y = 2$ 答

2 ケーキAをx個，ケーキBをy個買うとする。⬅ 手順1

合計7個のケーキを買うから，

$x + y = 7$ ……①

が成り立つ。

払う金額は合計で，

$350x + 400y$(円)

である。したがって，

$350x + 400y = 2600$

が成り立つ。

両辺を50でわって，

$7x + 8y = 52$ ……②

①×8－②を計算すると，⬅加減法

$$\begin{array}{rl} & 8x + 8y = 56 \\ -) & 7x + 8y = 52 \\ \hline & x \qquad = 4 \end{array}$$

$x = 4$を①に代入して，

$4 + y = 7$

$y = 3$

よって，

ケーキAは4個，
ケーキBは3個 答

買えばよい。

+α ポイント　連立方程式のつくり方

連立方程式は何個かの方程式を用いて，何個かの文字にあてはまる値を求めることが目標ですね。

今回はxとyの2つの文字それぞれにあてはまる値を求めるわけですから，方程式は2つ必要となります。

求める文字の数と同じ数の方程式が必要となります。

数検でるでるテーマ26 2次方程式❶：$ax^2-c=0$

数検でるでるポイント26 平方根を求める Point

2次方程式で $ax^2-c=0$ の形の式を解くときは，$-c$ を移項して，

$$ax^2=c$$

さらに両辺を a でわって，

$$x^2=\frac{c}{a}$$ ⬅ $x^2=$(数字)の形をつくる

そして 数検でるでるテーマ 4 平方根❶ で学んだように2乗して $\frac{c}{a}$ となる数，すなわち $\frac{c}{a}$ の**平方根を求める**。

よって，

$$x=\pm\sqrt{\frac{c}{a}}$$ ⬅解は「±」プラス・マイナスの2個である

数検でるでる問題

1 次の方程式を解きなさい。 ★

$x^2-12=0$

2 次の方程式を解きなさい。 ★★

$4x^2-5=0$

考え方

1 $ax^2-c=0$ の形をしていることに注意しよう。-12 を移項すれば，「$x^2=$(数字)」の形がつくれる。

2 $ax^2-c=0$ の形をしていることに注意しよう。-5 を移項したあと，両辺を4でわれば「$x^2=$(数字)」の形がつくれる。

1 $x^2 - 12 = 0$ 　－12を右辺に移項する

$x^2 = 12$ ⬅「$x^2 =$(数字)」の形をつくる

よって,

$x = \pm\sqrt{12}$ ⬅解は「±」プラス・マイナスの2個である

$\underline{x = \pm 2\sqrt{3}}$ 答

2 $4x^2 - 5 = 0$ 　－5を右辺に移項する

$4x^2 = 5$

$x^2 = \dfrac{5}{4}$ ⬅「$x^2 =$(数字)」の形をつくる

よって,

$x = \pm\sqrt{\dfrac{5}{4}}$ ⬅解は「±」プラス・マイナスの2個である

$\underline{x = \pm\dfrac{\sqrt{5}}{2}}$ 答

+α ポイント　**2次方程式の解の個数**

2次方程式の解は2個です。

$x^2 = 1$ ➡ $x = 1$ ⬅解が1個？

などとしてしまわないように注意しましょう。

$x = -1$ も $x^2 = 1$ をみたすから，$x = -1$ も解となります。

「±」をつけて解を求めるのは，$+1$ と -1 の2個の解をもつからです。

数検でるでるテーマ27 2次方程式❷：$ax^2+bx+c=0$

数検でるでるポイント27 解の公式 Point

(1) 手順1 左辺 ax^2+bx+c が因数分解できるなら行なう。

手順2 解の公式を使う。

(2) **解の公式** 2次方程式には解の公式とよばれる便利な公式がある。

$ax^2+bx+c=0$ の解は,

$$x=\frac{-b\pm\sqrt{b^2-4ac}}{2a}$$

この公式を使えばどのような2次方程式でも解くことができる。

数検でるでる問題

1 次の方程式を解きなさい。 ★★

$x^2+4x-5=0$

2 次の方程式を解きなさい。 ★★

$x^2-6x+3=0$

考え方

1 左辺の式 x^2+4x-5 は 数検でるでるテーマ 18 因数分解❸ で学んだ因数分解（乗法公式）が使えそうである。

2 左辺の式 x^2-6x+3 はきれいな形での因数分解はできない。解の公式を使おう。

解答例

1 $x^2+4x-5=0$

因数分解して,

$(x+5)(x-1)=0$ ⬅ $+4$ は $+5$ と -1 の和
-5 は $+5$ と -1 の積

したがって,

$x+5=0$, または $x-1=0$ ⬅ $A\times B=0$ のとき,
$A=0$, または $B=0$

よって,

$\underline{x=-5,\ 1}$ 答

2 $x^2-6x+3=0$ ⬅ **1** のように左辺はきれいな形での因数分解はできなさそう

解の公式を用いて,

$$x=\frac{-(-6)\pm\sqrt{(-6)^2-4\times1\times3}}{2\times1}$$

$$=\frac{6\pm\sqrt{36-12}}{2}$$

$$=\frac{6\pm\sqrt{24}}{2}$$

$\sqrt{24}=\sqrt{4\times6}=\sqrt{4}\times\sqrt{6}=2\sqrt{6}$

$$=\frac{6\pm2\sqrt{6}}{2}$$

2 で約分する

$=\underline{3\pm\sqrt{6}}$ 答

+α ポイント **解の公式における注意点**

2 次方程式 $ax^2+2bx+c=0$ のように, x の係数が偶数のときは, **2** のように公式を用いたあとに必ず2で約分することになります。注意しましょう。

数検でるでるテーマ28　2次方程式③：文章題

数検でるでるポイント28　方程式のつくり方　Point

方程式のつくり方

文章を読んでどのように式をつくるのかが重要である。

方程式は左辺と右辺を「＝」(イコール)で結ぶわけだから，

(左辺の量や値)＝(右辺の量や値)

というように何の量や値で「＝」(イコール)をつくるのかをまず考えよう。

方程式の解とは，数検でるでるテーマ 20 **1次方程式❶**で学んだように，その式をみたす値のことである。

解を方程式に代入すれば，その方程式は(左辺)＝(右辺)が成り立つ。

数検でるでる問題

1　次の問いに答えなさい。　★★

ある数 a を2乗した値 a^2 は，その数 a を8倍して9を加えたものに等しくなります。a の値を求めなさい。

2　次の問いに答えなさい。　★★★

2次方程式 $x^2-4x+k=0$ の解の1つは $x=3$ です。このとき，k の値を求めなさい。さらに，2次方程式のもう1つの解も求めなさい。

考え方

1　何と何で等式をつくるのかを考えよう。文章中には「2乗した値 a^2」と「a を8倍して9を加えたもの」が等しくなるとかいてある。

2　2次方程式 $x^2-4x+k=0$ の解の1つが $x=3$ だから，$x=3$ をあてはめると等式が成り立つ。つまり，$3^2-4\times3+k=0$ が成り立つ。

解答例

1 a を 8 倍して 9 を加えたものを数式で表すと，

$$8a + 9$$

である。条件よりこれが a^2 と等しくなるから，

$$a^2 = 8a + 9$$ ⬅ a についての 2 次方程式である

これを a について解く

$$a^2 - 8a - 9 = 0$$ ⬅左辺は因数分解できる

$$(a + 1)(a - 9) = 0$$

したがって，

$a + 1 = 0$，または $a - 9 = 0$

よって，

$\underline{a = -1,\ 9}$ 答

2 $x^2 - 4x + k = 0$ ……①

①の解の 1 つが $x = 3$ であるから，①に代入して，

$$3^2 - 4 \times 3 + k = 0$$

が成り立つ。すなわち，

$$9 - 12 + k = 0$$

$\underline{k = 3}$ 答

このとき①は

$$x^2 - 4x + 3 = 0$$ ⬅ $k = 3$ を代入

左辺を因数分解して，

$$(x - 1)(x - 3) = 0$$

したがって，

$x - 1 = 0$，または $x - 3 = 0$

よって，

$$x = 1,\ 3$$

であるから，もう 1 つの解は

$\underline{x = 1}$ 答

+α ポイント **文章題を解く**

苦手な人が多い問題の 1 つに文章題があります。克服するには，とにかくたくさんの文章題にふれてみることです。そうすることで，文章の意味が読み取れるようになってくるはずです。

数検でるでるテーマ29　関数①：$y=ax$, $y=ax^2$

数検でるでるポイント29　関数（比例）　Point

y が x についての関数であるとする。

(1)　$\boxed{y=ax}$ （a は 0 でない数）と表されるとき，y は x に比例するといい，a を比例定数という。

(2)　$\boxed{y=ax^2}$ （a は 0 でない数）と表されるとき，y は x の 2 乗に比例するといい，a を比例定数という。

数検でるでる問題

1　次の問いに答えなさい。　★

y は x に比例し，$x=4$ のとき $y=-8$ です。y を x を用いて表しなさい。

2　次の問いに答えなさい。　★★

y は x の 2 乗に比例し，$x=-2$ のとき $y=16$ です。y を x を用いて表しなさい。

3　次の問いに答えなさい。　★★

y は x の 2 乗に比例し，$x=2$ のとき $y=2$ です。y を x を用いて表しなさい。

考え方

1　y は x に比例するので，$\boxed{y=ax}$ と表せる。あとは条件を代入して，a の値を求めればよい。

2　y は x の 2 乗に比例するので，$\boxed{y=ax^2}$ と表せる。あとは条件を代入して，a の値を求めればよい。

3　**2** と同じく，y は x の 2 乗に比例するので，$\boxed{y=ax^2}$ と表せる。あとは条件を代入して，a の値を求めればよい。

解答例

1 y は x に比例するから，

$y = ax$ （a は 0 でない数）

と表せる。

$x = 4$ のとき，$y = -8$ であるから，

$-8 = a \times 4$ ⬅$x = 4$，$y = -8$ を代入する

$a = -2$ ⬅比例定数を求める

よって，$\underline{y = -2x}$ 答

2 y は x の 2 乗に比例するから，

$y = ax^2$ （a は 0 でない数）

と表せる。

$x = -2$ のとき，$y = 16$ であるから，

$16 = a \times (-2)^2$ ⬅$x = -2$，$y = 16$ を代入する

$16 = 4a$

$a = 4$ ⬅比例定数を求める

よって，$\underline{y = 4x^2}$ 答

3 y は x の 2 乗に比例するから，

$y = ax^2$ （a は 0 でない数）

と表せる。

$x = 2$ のとき，$y = 2$ であるから，

$2 = a \times 2^2$ ⬅$x = 2$，$y = 2$ を代入する

$2 = 4a$

$a = \frac{1}{2}$ ⬅比例定数を求める

よって，$\underline{y = \frac{1}{2}x^2}$ 答

+α ポイント ●乗に比例する

1 では「y は x に比例する」，**2**，**3** では「y は x の 2 乗に比例する」とありました。**1** は，y は x についての 1 次関数であるとわかりますし，**2**，**3** は，y は x についての 2 次関数であるとわかります。これがあとの 1 次関数，2 次関数の話へとつながっていきます。

数検でるでるテーマ30 関数❷：$y = ax$ のグラフ

数検でるでるポイント30 $y = ax$ のグラフ　Point

関数❶：$y = ax$，$y = ax^2$ で学んだ関数の一つ

(1)　$y = ax$（a は 0 でない数）のグラフをかいてみる。a の値によってグラフの形は 2 パターンに分けられる。どちらも原点を通る直線である。

❶　$a > 0$ のとき

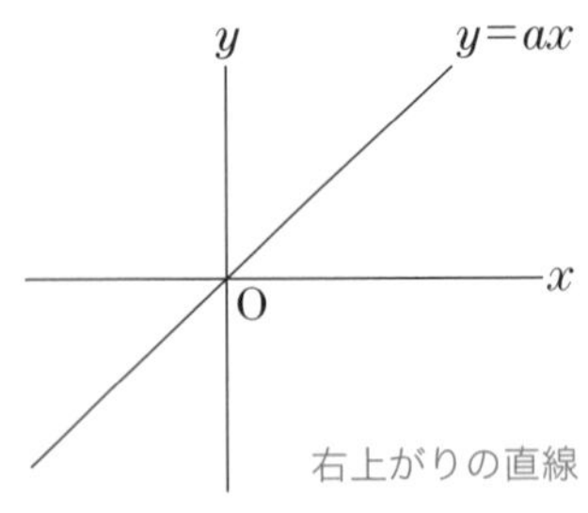

❷　$a < 0$ のとき

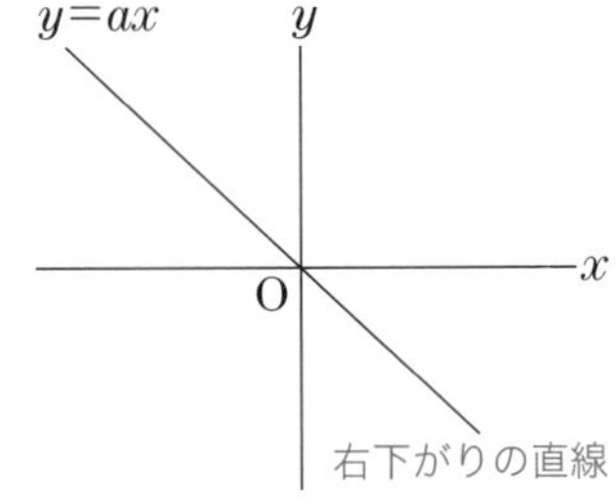

(2)　ある変数のとりうる値の範囲を，その変数の変域という。

数検でるでる問題

1　次の問いに答えなさい。

関数 $y = \frac{1}{3}x$ で，x の変域が $-6 \leqq x \leqq 2$ のときの y の変域を求めなさい。　★★

2　次の問いに答えなさい。

関数 $y = -2x$ で，x の変域が $1 \leqq x \leqq 3$ のときの y の変域を求めなさい。　★★

考え方

1　グラフをかいてみて，y の最も大きい値と最も小さい値を調べよう。

2　グラフをかいてみて，y の最も大きい値と最も小さい値を調べよう。ただし，比例定数は -2 で負の値である。

1 $y = \frac{1}{3}x$ $(-6 \leqq x \leqq 2)$のグラフをかいてみると下の図のようになる。

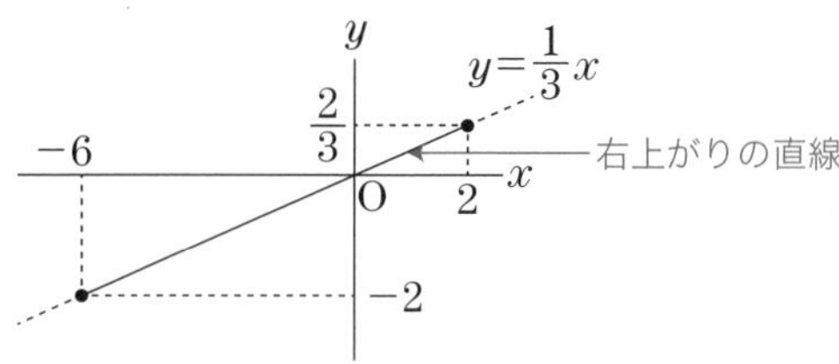

よって,

$x = 2$ のとき $y = \frac{2}{3}$，$x = -6$ のとき $y = -2$

であるから，y の変域は,

$-2 \leqq y \leqq \frac{2}{3}$ 答

2 $y = -2x$ $(1 \leqq x \leqq 3)$のグラフをかいてみると下の図のようになる。

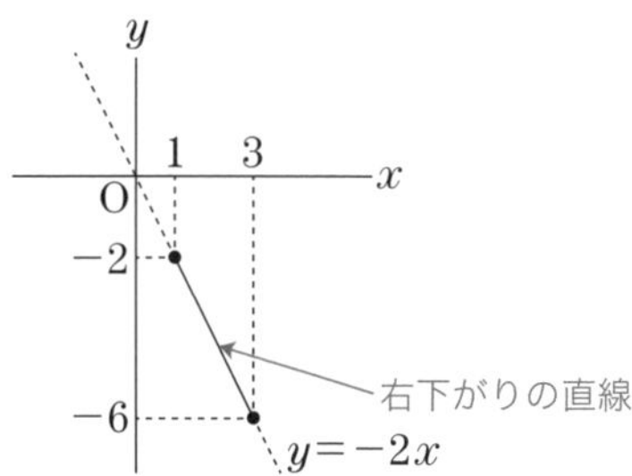

よって,

$x = 1$ のとき $y = -2$, $x = 3$ のとき $y = -6$

であるから，y の変域は,

$-6 \leqq y \leqq -2$ 答

+α ポイント $y = ax$ のグラフ

関数 $y = ax$ のグラフは直線となります。x の変域が定められたとき，y の値が最も大きい(小さい)値は直線(線分)の両端のどちらかの値であることがわかります。

数検でるでるテーマ31 関数③：$y = \frac{a}{x}$

数検でるでるポイント31 関数（反比例） Point

(1) 反比例……y が x についての関数であり，

$$\boxed{y = \frac{a}{x}}$$ （a は0でない数）

で表されるとき，y は x に反比例するといい，

a を比例定数という。

(2) $y = \frac{a}{x}$ ➡ $xy = a$ ⬅この形でも y は x に反比例するということがわからないといけない

両辺に x をかけて

数検でるでる問題

1 次の問いに答えなさい。 ★

y は x に反比例し，$x = 5$ のとき $y = -3$ です。y を x を用いて表しなさい。

2 次の問いに答えなさい。 ★★

y は x に反比例し，$x = -4$ のとき $y = -6$ です。$x = 3$ のときの y の値を求めなさい。

考え方

1 y は x に反比例するので，$\boxed{y = \frac{a}{x}}$ と表せる。あとは条件を代入して，a の値を求めればよい。

2 **1** と同様に $\boxed{y = \frac{a}{x}}$ と表したときの a の値をまずは求めよう。求めた式に $x = 3$ を代入して，y を求めればよい。

解答例

1 y は x に反比例するから，

$y=\dfrac{a}{x}$ （a は 0 でない数）

と表せる。$x=5$ のとき，$y=-3$ であるから，

$-3=\dfrac{a}{5}$ ⬅$x=5$，$y-3$ を代入する

$a=-15$ ⬅比例定数を求める

よって，

$\underline{y=-\dfrac{15}{x}}$ 答

2 y は x に反比例するから，

$y=\dfrac{a}{x}$ （a は 0 でない数）

と表せる。$x=-4$ のとき，$y=-6$ であるから，

$-6=\dfrac{a}{-4}$ ⬅$x=-4$，$y=-6$ を代入する

$a=24$ ⬅比例定数を求める

したがって，

$y=\dfrac{24}{x}$ ⬅$y=\dfrac{a}{x}$ が求まる

$x=3$ のときは，

$y=\dfrac{24}{3}$ ⬅$x=3$ を代入する

$\underline{y=8}$ 答

+α ポイント　比例定数を求める

反比例の関係性において，比例定数を求めるときは，

$y=\dfrac{a}{x}$ ➡ $a=xy$

であるから，x と y の積が a（比例定数）であることがわかります。

数検でるでるテーマ32 関数④：$y = \frac{a}{x}$ のグラフ

数検でるでるポイント32 $y = \frac{a}{x}$ のグラフ　Point

数検でるでるテーマ 31 関数③：$y = \frac{a}{x}$ で学んだ

$$y = \frac{a}{x} \quad (a\text{は}0\text{でない数})$$

のグラフをかいてみる。a の値の符号によってグラフの形は2パターンにわけられる。

❶ $a > 0$ のとき

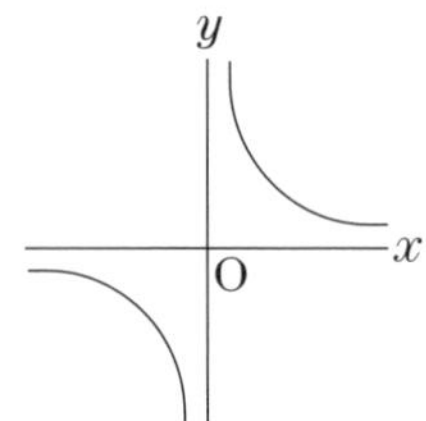

❷ $a < 0$ のとき

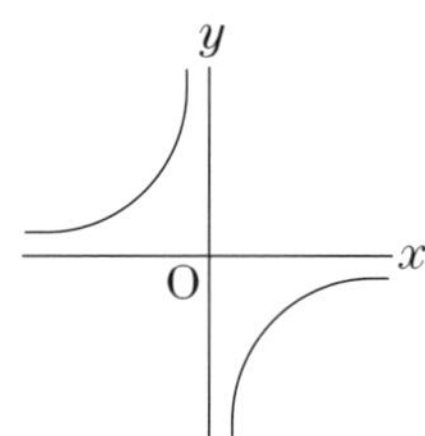

このようなグラフを**双曲線**とよぶ。

数検でるでる問題

1 次の問いに答えなさい。★★

関数 $y = \frac{3}{x}$ で，x の変域が $1 \leqq x \leqq 3$ のとき，y の変域をグラフをかいて求めなさい。

2 次の問いに答えなさい。★★

関数 $y = -\frac{2}{x}$ で，x の変域が $2 \leqq x \leqq 4$ のとき，y の変域をグラフをかいて求めなさい。

考え方

1 グラフをかいてみて，y の最も大きい値と最も小さい値を調べよう。

2 グラフをかいてみて，y の最も大きい値と最も小さい値を調べよう。ただし，比例定数は -2 で負の値である。

解答例

1 $y=\dfrac{3}{x}$ $(1 \leqq x \leqq 3)$のグラフをかいてみると下の図のようになる。

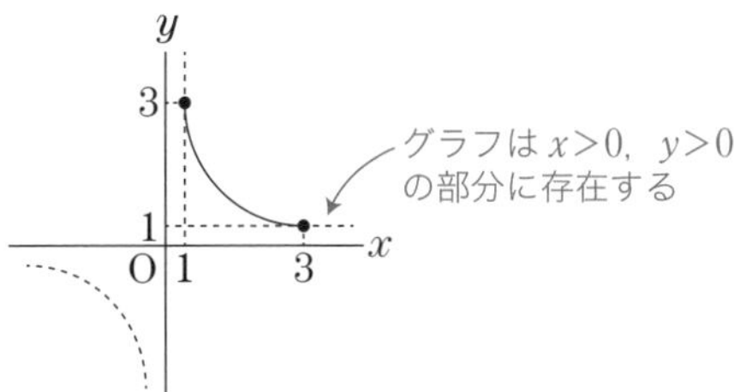

よって，

$x=1$のとき$y=3$，$x=3$のとき$y=1$であるからyの変域は，

$\underline{1 \leqq y \leqq 3}$ 答

2 $y=-\dfrac{2}{x}$ $(2 \leqq x \leqq 4)$のグラフをかいてみると下の図のようになる。

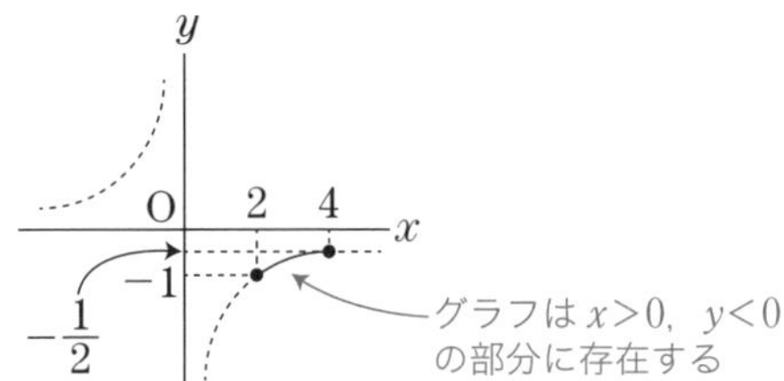

よって，

$x=4$のとき$y=-\dfrac{1}{2}$，$x=2$のとき$y=-1$であるからyの変域は，

$\underline{-1 \leqq y \leqq -\dfrac{1}{2}}$ 答

+α ポイント $y=\dfrac{a}{x}$のグラフ

関数$y=\dfrac{a}{x}$のグラフは双曲線となります。数検でるでるテーマ 30 関数❷で学んだ$y=ax$のグラフと同じく，yの値で最も大きい値，または最も小さい値は双曲線においてもグラフの両端のどちらかの値であることがわかります。

数検でるでるテーマ33　1次関数①：$y = ax + b$

数検でるでるポイント33　1次関数　Point

(1)　1次関数……y が x についての関数であり，

$$y = ax + b$$

で表されるとき，y は x の1次関数であるといい，a を**変化の割合**(**傾き**)，b を**切片**という。

(2)　グラフ　$y = ax + b$ をグラフに表すと直線となる。

❶　$a > 0$ のとき(右上がり)

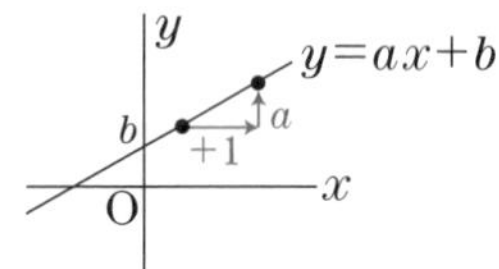

❷　$a < 0$ のとき(右下がり)

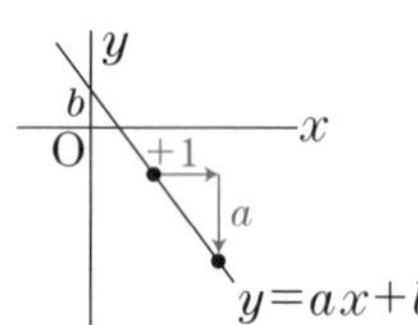

数検でるでる問題

1　次の問いに答えなさい。　★★

1次関数 $y = 2x - 1$ のグラフをかきなさい。

2　次の問いに答えなさい。　★★

2点$(-2,\ 8)$，$(1,\ 2)$を通る直線の式を求めなさい。

考え方

1　変化の割合が2，切片が-1であることを読み取ろう。

2　求める直線の式は $y = ax + b$ と表せる。条件を代入して，a と b の値を求めよう。

解答例

1 $y=2x-1$ より，変化の割合は 2，切片は -1 である。よってグラフは下の図のようになる。

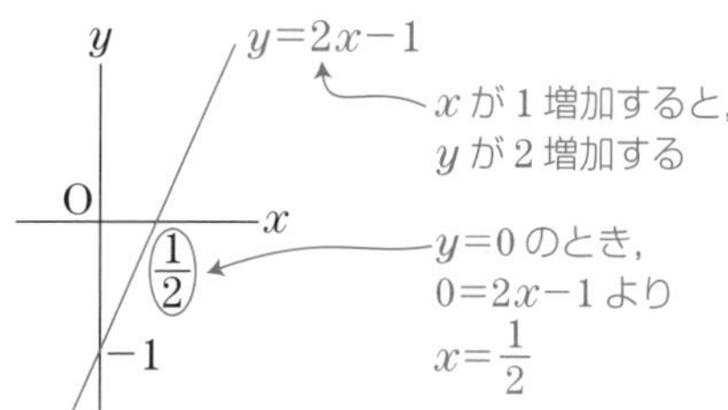

2 求める直線の式は，$\boxed{y=ax+b}$ と表せる。

点$(-2,\ 8)$を通るから，

$8=a\times(-2)+b$ ⬅ $x=-2$，$y=8$ を代入する

$-2a+b=8$……①

点$(1,\ 2)$を通るから，

$2=a\times1+b$ ⬅ $x=1$，$y=2$ を代入する

$a+b=2$……②

①−②を計算すると，⬅加減法

$$\begin{array}{rr} & -2a+b=8 \\ -) & a+b=2 \\ \hline & -3a\quad\ =6 \\ & a=-2 \end{array}$$

$a=-2$ を②に代入して，

$-2+b=2$

$b=4$

よって，直線の式は，

$\underline{y=-2x+4}$ 答

+α ポイント　グラフをかくとき

1次関数のグラフをかくときは，まず $y=ax+b$ の式の b（切片）に注目します。直線が y 軸（縦軸）のどこを通っているのかを理解してから，次に $y=ax+b$ の式の a（変化の割合）を考えます。**1**なら切片が -1 だったので，図1のようになり，次に変化の割合が2だったので，x の値が1増加すると y の値が2増加することから，図2のように直線をかけますね。

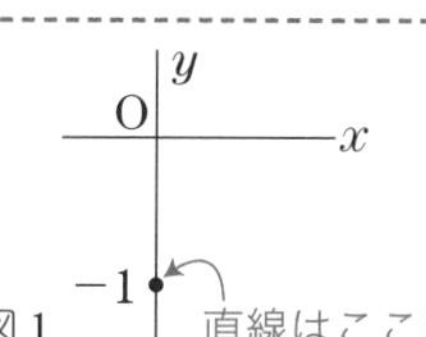

図1

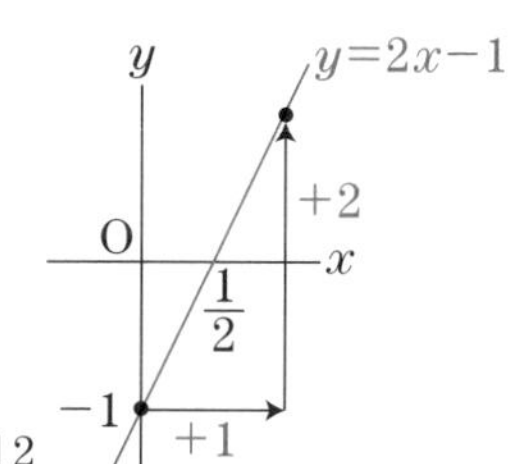

図2

数検でるでるテーマ34　1次関数②：$y = ax + b$ の変域

数検でるでるポイント34　変　域　Point

1 次関数の変域

y が x についての 1 次関数であるとき，グラフをかくと直線となる。そのため，x の変域が与えられたとき，直線上の座標で考えると，y の変域を求めることができる。

グラフで考えることがポイントである。

数検でるでる問題

1　次の問いに答えなさい。　★★

1 次関数 $y = -2x + 3$ で，x の変域が $-1 \leqq x \leqq 2$ のとき，y の変域をグラフをかいて求めなさい。

2　次の問いに答えなさい。　★★

1 次関数 $y = 2x + b$ で，x の変域が $-2 \leqq x \leqq 1$ で，y の変域が $-2 \leqq y \leqq 4$ であるとき，b の値を求めなさい。

考え方

1　$y = -2x + 3$ のグラフは直線となる。ここでは $-1 \leqq x \leqq 2$ とあるから，この範囲でグラフをかいてみよう。

2　$y = 2x + b$ のグラフをかこうとしても，切片 b の値がわからないからかけない。そこで，変化の割合が 2 だからまずはグラフの傾きを想像することからはじめて，グラフの全体像を予想してみよう。

解答例

1 $y=-2x+3$ $(-1 \leqq x \leqq 2)$のグラフをかくと右の図のようになる。

よって，

$x=-1$のとき$y=5$,

$x=2$のとき$y=-1$であるから，

yの変域は

$-1 \leqq y \leqq 5$ 答

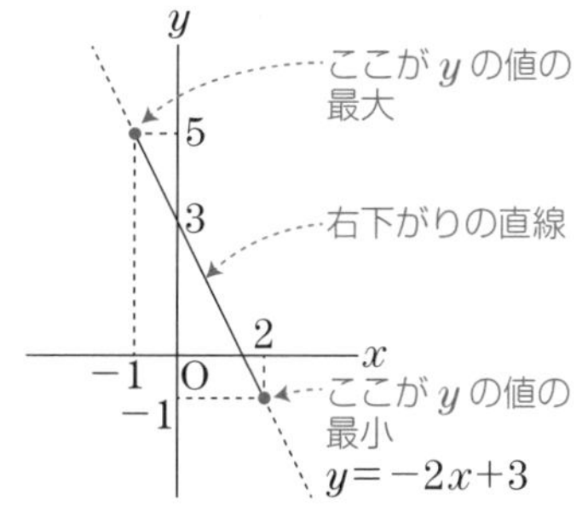

2 $y=2x+b$より，変化の割合である2は正の値であり，右上がりの直線となることがわかる。

$-2 \leqq x \leqq 1$の範囲でグラフをかくと，予想のグラフは右の図のようになる。

したがって，$-2 \leqq y \leqq 4$より，$x=1$のとき$y=4$であることがわかる。

よって，

$4=2\times1+b$

$4=2+b$

$b=2$ 答

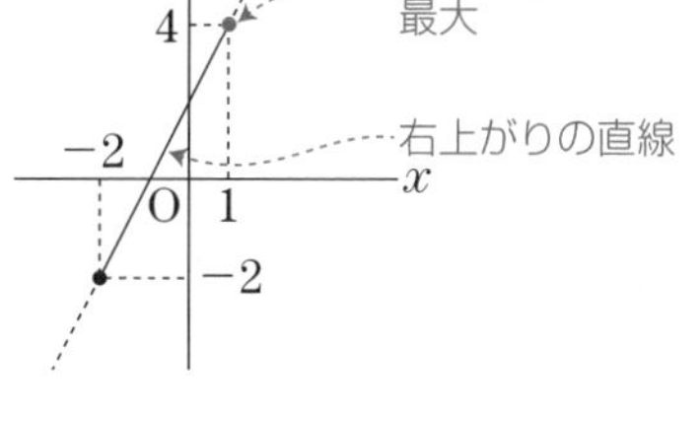

+α ポイント　グラフを使って考える

1次関数$y=ax+b$のグラフは直線となります。**1**，**2**で気づいたかもしれませんが，y座標の最も大きい（小さい）値は直線（線分）の両端のどちらかになることがわかります。

数検でるでるテーマ35　$y = ax^2$ のグラフ

数検でるでるポイント35　$y = ax^2$ のグラフ　Point

数検でるでるテーマ 29　関 数 ❶：$y = ax$，$y = ax^2$ で学んだ

$$y = ax^2 \quad (a \text{ は } 0 \text{ でない数})$$

のグラフをかいてみる。a の値の符号によってグラフの形は 2 パターンにわけられる。どちらも原点を通る放物線である。

❶ $a > 0$ のとき　　❷ $a < 0$ のとき

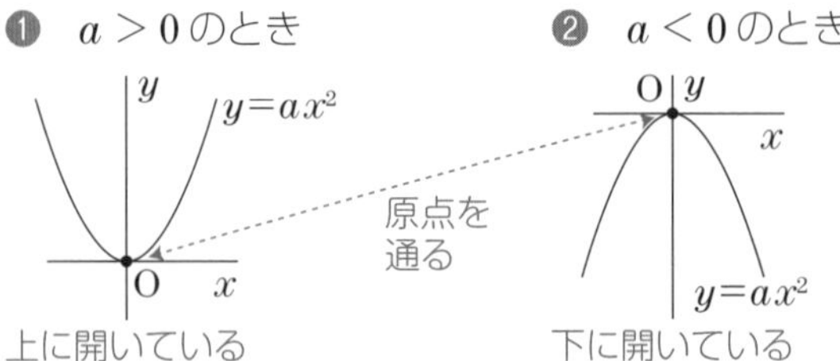

上に開いている　　下に開いている

数検でるでる問題

1 次の問いに答えなさい。

y は x の 2 乗に比例し，$x = 2$ のとき $y = 16$ です。y を x を用いて表し，グラフをかきなさい。　★★

2 次の問いに答えなさい。

y は x の 2 乗に比例し，そのグラフは点 $\left(3,\ -\dfrac{9}{2}\right)$ を通ります。y を x を用いて表し，グラフをかきなさい。　★★

考え方

1 y は x の 2 乗に比例するので，$\boxed{y = ax^2}$ と表せる。あとは条件を代入して，a の値を求めればよい。a の値によって，上に開いている放物線か下に開いている放物線かを判断しよう。

2 y は x の 2 乗に比例するので，$\boxed{y = ax^2}$ と表せる。グラフで示したときに点 $\left(3,\ -\dfrac{9}{2}\right)$ を通るということは，$x = 3$ のとき $y = -\dfrac{9}{2}$ をみたすということである。

解答例

1 y は x の2乗に比例するから,

$y = ax^2$ (a は0でない数)

と表せる。$x = 2$ のとき, $y = 16$ であるから,

$16 = a \times 2^2$ ←$x = 2$, $y = 16$ を代入する

$16 = 4a$

$a = 4$ ←比例定数を求める

よって,

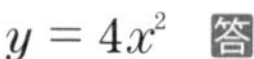

$y = 4x^2$ 答

グラフは右の図のようになる。

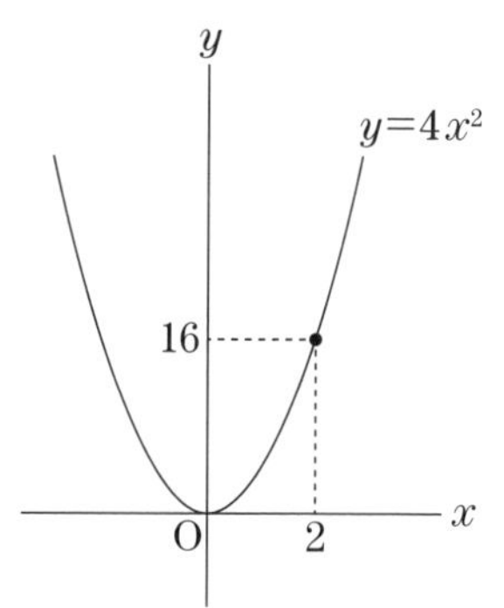

2 y は x の2乗に比例するから,

$y = ax^2$ (a は0でない数)

と表せる。このグラフが点 $\left(3,\ -\frac{9}{2}\right)$ を通るから,

$-\frac{9}{2} = a \times 3^2$ ←$x = 3$, $y = -\frac{9}{2}$ を代入する

$-\frac{9}{2} = 9a$

$a = -\frac{1}{2}$ ←比例定数を求める

よって,

$y = -\frac{1}{2}x^2$ 答

グラフは右の図のようになる。

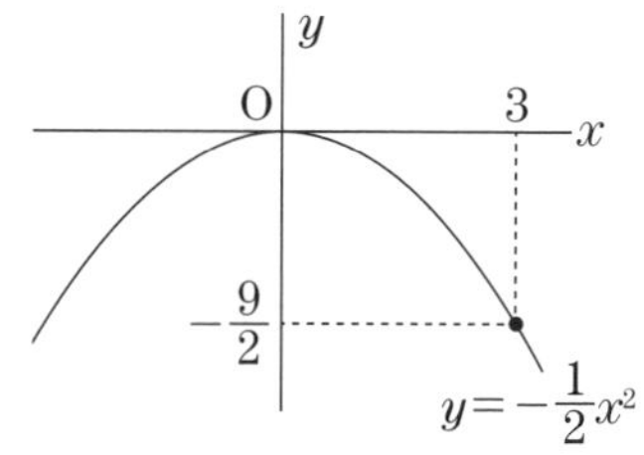

+α ポイント　$y = ax^2$ のグラフ

関数 $y = ax^2$ において, x の値に対して, y の値がどのようになるのかを考えてみましょう。たとえば, $a > 0$ として, 関数 $y = ax^2$ のグラフを考えてみます。

グラフを見るとわかるように, 原点から近い x の値に対する y の値より, 原点から遠い x の値に対する y の値のほうが**大きく**なっています。x の値が原点($x = 0$)からどのくらい離れているのかを意識しましょう。

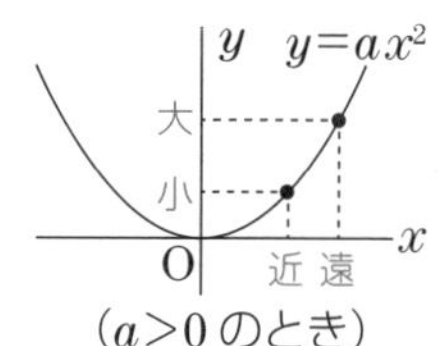

($a>0$ のとき)

数検でるでるテーマ36　関数⑤：文章題

数検でるでるポイント36　グラフで考える　Point

手順は次のようになる。

手順1　何を x, y とおくかを決める。

手順2　x と y の関係式をつくる。

手順3　**手順2** でつくった関数を**グラフで表して考える。**

y が x についての関数となっているとき，グラフで表して考えることが大切である。

数検でるでる問題

1　次の問いに答えなさい。　★★★

あきまささんは，花屋さんへ花を買いに来ました。1束200円の花を何束か買って，さらに花を入れる花びんを1つ1200円で買う予定です。花を x 束と花びんを1つ買ったときの合計金額を y 円とし，y を x を用いて表しなさい。また，合計金額がちょうど3000円となるとき，買うことのできる花は何束ですか。

2　次の問いに答えなさい。　★★★

まほさんは，ケーキ屋さんへケーキを買いに来ました。1個300円のケーキを何個か買って，さらにケーキを入れる1箱100円の箱を1つ買います。予算2000円で買うことのできるケーキは最大何個ですか。

考え方

1　問題文より，x は買った花束の数，y は支払う合計金額ということになる。「$y=$」として，x で表してみよう。そのあと，グラフで表して考えるとわかりやすくなる。

2　買ったケーキの個数を x 個，支払う合計金額を y 円とするとうまくいく。

解答例

1 花を買うのに払った金額は $200x$（円）である。

したがって，合計金額は，

$200x + 1200$（円）

である。

よって，

$\underline{y = 200x + 1200}$ 答

が成り立つ。これをグラフに表すと右の図のようになる。

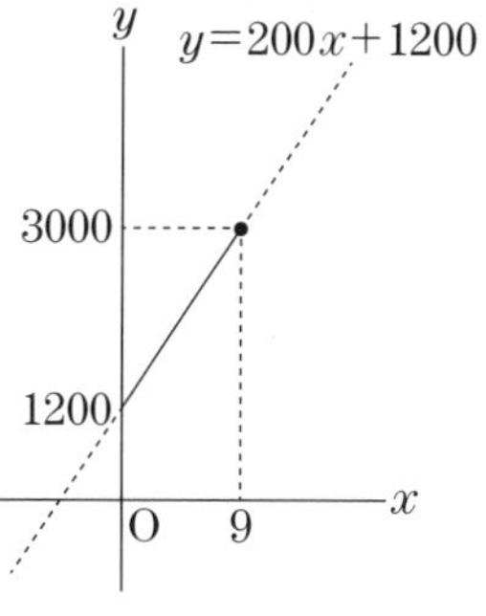

合計金額が3000円であるから

$y = 3000$ として，

$$3000 = 200x + 1200$$
$$-200x = 1200 - 3000$$
$$-200x = -1800$$
$$x = 9$$

よって，花束は

9束 答

買うことができる。

2 買ったケーキの個数を x（個），箱の代金も含めた支払う合計金額を y（円）とする。

ケーキを買うのに払った金額は $300x$（円）である。

したがって，合計金額は，

$300x + 100$（円）

である。すなわち，

$y = 300x + 100$

が成り立つ。これをグラフに表すと右の図のようになる。

予算を2000円で考えていることもグラフに反映させる。

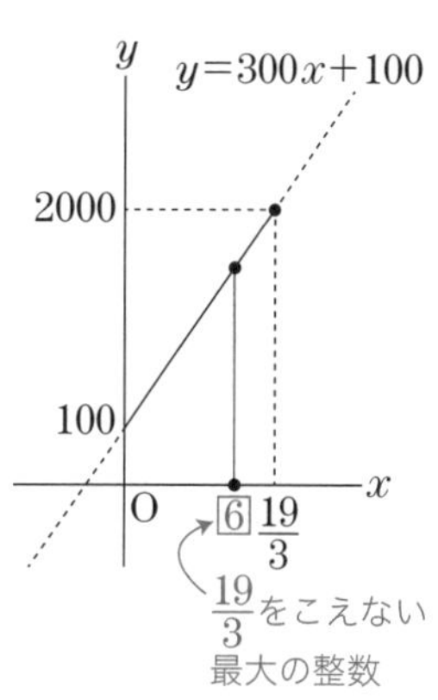

グラフより，ケーキは最大

6個 答

買うことができる。

+α ポイント　数式を視覚的にとらえる

関数をグラフで表すことで，数式を視覚的にとらえることができるようになり，グラフをみると解答のヒントをつかみやすくなります。

数検でるでるテーマ37　2つの直線

数検でるでるポイント37　2つの直線の関係　Point

(1)　**2つの直線**が平行となる

2つの直線の式がそれぞれ $y = ax + b$, $y = a'x + b'$ と表されるとき（a, a' は0でない数）

2つの直線が平行　$\Longleftrightarrow$　$a = a'$（さらに $b = b'$ だと一致）

(2)　**2つの直線の交点の座標**

2つの直線の式がそれぞれ $y = ax + b$, $y = a'x + b'$ と表されるとき（a, a' は0でない数），2つの直線の式を連立して方程式として解いたとき（数検でるでるテーマ 23 連立方程式❶）の解が交点の座標となる。

数検でるでる問題

1　次の問いに答えなさい。　★

直線 $y = 2x - 1$ と，直線 $y = ax + 1$ が平行になるときの a の値を求めなさい。

2　次の問いに答えなさい。　★★

2つの直線 $y = 2x - 1$ と $y = -3x + 4$ の交点の座標を求めなさい。

考え方

1　2つの直線の変化の割合はそれぞれ2と a で，平行ならば，変化の割合が等しい。

2　$y = 2x - 1$ と $y = -3x + 4$ を連立方程式として解こう。

1 2つの直線の変化の割合はそれぞれ

2 と a

である。

よって，2つの直線が平行となるときは，

$\underline{a=2}$ 答 ⬅変化の割合が等しいとき平行である

2 2つの直線の式

$$\begin{cases} y=2x-1 & \cdots\cdots① \\ y=-3x+4 & \cdots\cdots② \end{cases}$$

を連立して解く。

①を②に代入して， ⬅代入法

$$2x-1=-3x+4$$
$$2x+3x=4+1$$
$$5x=5$$
$$x=1$$

$x=1$ を①に代入して，

$$y=2\times1-1=1$$

よって，交点の座標は， ⬅連立方程式の解が交点の座標である

$\underline{(x,\ y)=(1,\ 1)}$ 答

+α ポイント　2つの直線が垂直となるとき

2つの直線 $y=ax+b$ と $y=a'x+b'$ が垂直となるための条件は

$$a\times a'=-1$$

です。

a と a' の値を具体的に考えてみましょう。

1のように $a'=2$ のとき $a=-\dfrac{1}{2}$

2 と $-\dfrac{1}{2}$ をかけると -1 となり，変化の割合 2 の直線と変化の割合 $-\dfrac{1}{2}$ の直線は垂直となります。

2 と $-\dfrac{1}{2}$ の2つの値の関係は

$2 \rightleftarrows -\dfrac{1}{2}$ とも考えられますね。

お互いに逆数の－1倍

数検でるでるテーマ38 直線と放物線

数検でるでるポイント38 直線と放物線の交点の座標 Point

数検でるでるテーマ 37 **2つの直線**において，

2つの直線 $y = ax + b$ と $y = a'x + b'$ の交点の座標は

2つの式の連立方程式の解

であることを学んだ。これと同じように，

直線 $y = ax + b$ と放物線 $y = ax^2$ の交点の座標は

2つの式の連立方程式の解

となる。

数検でるでる問題

1 次の問いに答えなさい。 ★★

放物線 $y = ax^2$ と直線が2点A，Bで交わっています。A，Bの座標がそれぞれ$(-1,\ 2)$，$(2,\ 8)$であるときの a の値を求めなさい。

2 次の問いに答えなさい。 ★★★

放物線 $y = -x^2$ と直線が2点A，Bで交わっています。A，Bの x 座標がそれぞれ -1 と 2 であるときの直線の式を求めなさい。

考え方

1 $y = ax^2$ に $x = -1$，$y = 2$ と $x = 2$，$y = 8$ をあてはめて考える。

2 交点の x 座標が $x = -1$ と $x = 2$ だとわかっている。交点の y 座標を求めてから，数検でるでるテーマ 33 **1次関数❶**で学んだことを使おう。

解答例

1

解法1　放物線 $y = ax^2$ が，点$(-1,\ 2)$を通るから，

$2 = a \times (-1)^2$

$a = 2$ 答

解法2　放物線 $y = ax^2$ が，点$(2,\ 8)$を通るから，

$8 = a \times 2^2$

$8 = 4a$

$a = 2$ 答

2

交点の座標を求める。

放物線 $y = -x^2$ において，

$x = -1$ のとき，$y = -(-1)^2 = -1$

$x = 2$ のとき，$y = -2^2 = -4$

したがって，交点の座標は，

$(-1,\ -1)$と$(2,\ -4)$

求める直線の式を

$y = ax + b$　(aは0でない数)

として，aとbの値を求める。

$(-1,\ -1)$を通るから，

$-1 = a \times (-1) + b$

$-a + b = -1$　……①

$(2,\ -4)$を通るから，

$-4 = a \times 2 + b$

$2a + b = -4$　……②

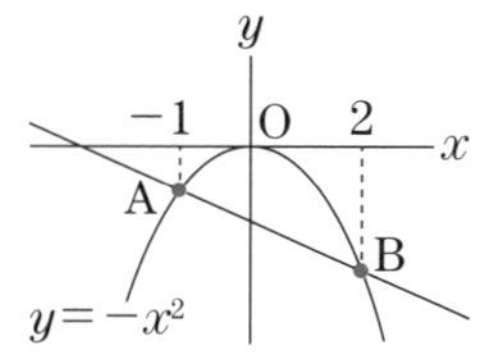

①−②を計算すると，⬅加減法

$$\begin{array}{rl} -a + b &= -1 \\ -)\quad 2a + b &= -4 \\ \hline -3a \quad\quad &= 3 \end{array}$$

$a = -1$

$a = -1$ を①に代入して

$-(-1) + b = -1$

$b = -2$

よって，求める直線の式は，

$y = -x - 2$ 答

+α ポイント　**次数を把握して計算方法を考える**

2の解答例で①と②の連立方程式を解くときに，加減法を用いて解きました。連立方程式の解を求めるときは，数検でるでるテーマ 23 **連立方程式❶**で学んだように 方法① **加減法**と 方法② **代入法**の2つがありました。2の解答例で加減法を用いて解いているのは，①と②の a の次数がともに1次で同じ次数，b の次数もともに1次と同じ次数となっているからです。連立する2つの方程式の扱われている文字の次数が異なるとき(例えば一方の方程式の a の次数が1次，他方の方程式の a の次数が2次など)は代入法が適していますね。

数検でるでるテーマ39 合同な三角形

数検でるでるポイント39 合同条件 Point

2つの三角形ABCと三角形A′B′C′が**合同**であることを記号「≡」を用いて次のように表す。

△ABC ≡△A′B′C′

三角形の合同条件

❶ 3組の辺の長さがそれぞれ等しい。

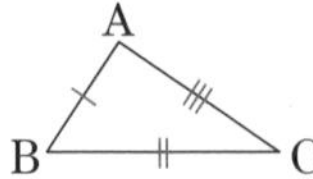
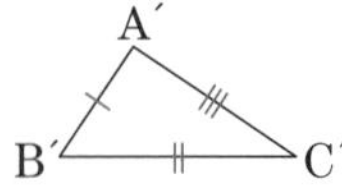

AB＝A′B′
BC＝B′C′
CA＝C′A′

❷ 2組の辺の長さとその間の角の大きさがそれぞれ等しい。

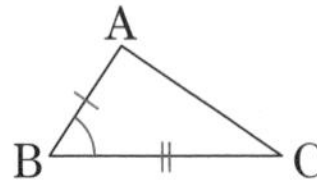
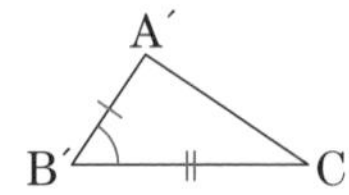

AB＝A′B′
BC＝B′C′
∠B＝∠B′

❸ 1組の辺の長さとその両端の角の大きさがそれぞれ等しい。

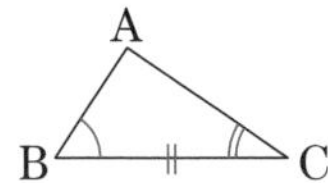
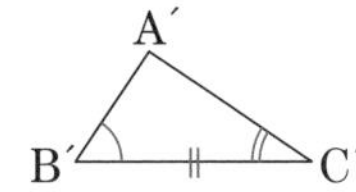

BC＝B′C′
∠B＝∠B′
∠C＝∠C′

数検でるでる問題

1 次の問いに答えなさい。 ★

三角形の合同条件をすべて答えなさい。

2 次の問いに答えなさい。 ★★

下の三角形ABCと合同となる三角形を下の三角形から選び，そのときの合同条件も答えなさい。

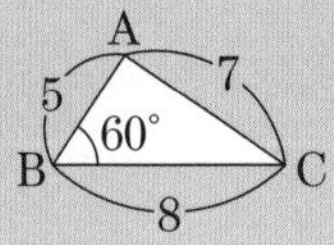

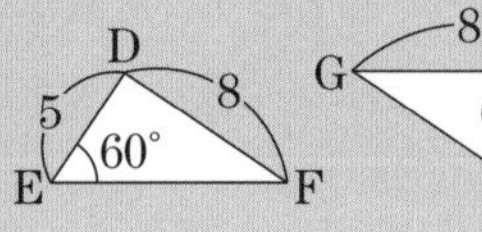

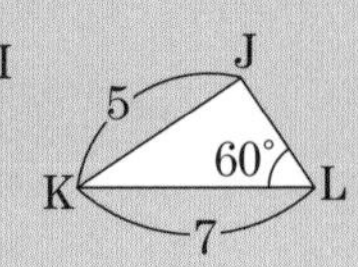

考え方

1 合同条件は3つあることに注意しよう。

2 図形の向きにまどわされることなく，3つの合同条件のどれがあてはまるかを考えて選ぼう。三角形 ABC において，$\angle B = 60°$ をはさむ2辺の長さがそれぞれ $AB = 5$，$BC = 8$ であることに注意する。

解答例

1 合同条件は，

❶ 3組の辺の長さがそれぞれ等しい。

❷ 2組の辺の長さとその間の角の大きさがそれぞれ等しい。

❸ 1組の辺の長さとその両端の角の大きさがそれぞれ等しい。 答

の3つである。

2 三角形 ABC と合同であるのは

三角形 HIG である。すなわち，

$\triangle ABC \equiv \triangle HIG$ ⬅頂点どうし(A と H，B と I，C と G)を対応させる

このときの合同条件は，

2組の辺の長さとその間の角の大きさがそれぞれ等しい 答

である。

+α ポイント **3つの合同条件の共通点**

3つの合同条件は辺の長さと角の大きさの関係を表す条件でした。3つの条件のどれをみても辺の長さと角の大きさでつくられる等式は**3つずつ**あることに気づきましょう。

❶	❷	❸
$AB=A'B'$	$AB=A'B'$	$BC=B'C'$
$BC=B'C'$	$BC=B'C'$	$\angle B=\angle B'$
$CA=C'A'$	$\angle B=\angle B'$	$\angle C=\angle C'$

与えられた条件をみて，どれを使うか考えましょう。

数検でるでるテーマ40 相似な三角形

数検でるでるポイント40 相似条件 Point

三角形 ABC と三角形 A′B′C′ が相似であることを記号「∽」を用いて次のように表す。

△ABC ∽ △A′B′C′

三角形の相似条件

❶ 3 組の辺の長さの比がそれぞれ等しい。

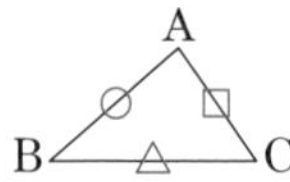

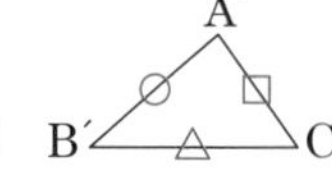

AB : A′B′ = BC : B′C′ = CA : C′A′

❷ 2 組の辺の長さの比とその間の角の大きさがそれぞれ等しい。

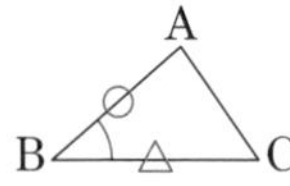

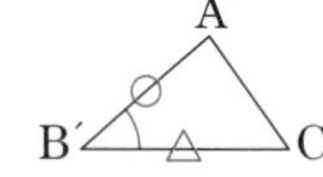

AB : A′B′ = BC : B′C′
∠B = ∠B′

❸ 2 組の角の大きさがそれぞれ等しい。

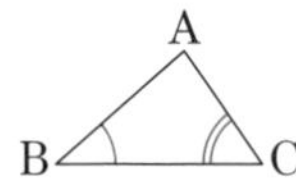

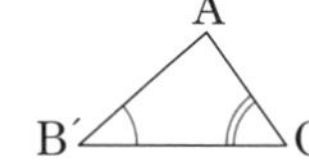

∠B = ∠B′
∠C = ∠C′

相似比……たとえば△ABC ∽ △A′B′C′ のときならば，AB : A′B′ の比を相似比という。（BC : B′C′ でも CA : C′A′ でも同じ値）

数検でるでる問題

1 次の問いに答えなさい。 ★

三角形の相似条件をすべて答えなさい。

2 次の問いに答えなさい。 ★★

△ABC ∽ △DEF，AB = 7，BC = 5，CA = 8，EF = 10 とします。△ABC と△DEF の相似比と辺 DE の長さを求めなさい。

1 相似条件は３つあることに注意しよう。

2 三角形 ABC と三角形 DEF は相似である。三角形 ABC と三角形 DEF のどの辺とどの辺が対応するのかを考えよう。

解答例

1 相似条件は，
❶ 3 組の辺の長さの比がそれぞれ等しい。
❷ 2 組の辺の長さの比とその間の角の大きさがそれぞれ等しい。
❸ 2 組の角の大きさがそれぞれ等しい。 答
の３つである。

2 △ABC ∽△DEF より，相似比は，

BC：EF ＝ 5：10 ＝ 1：2 答

辺 BC に対応する辺は EF

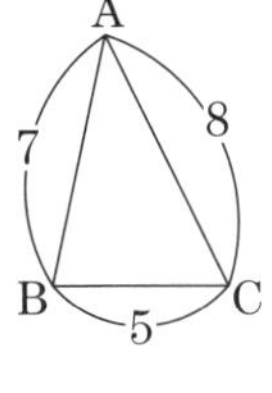

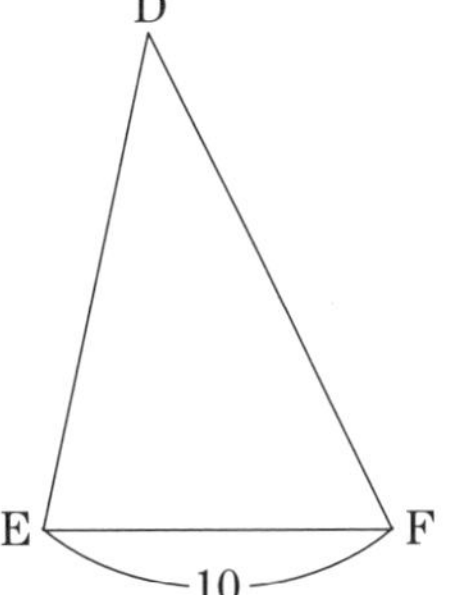

相似ならば，対応する辺の長さの比がそれぞれ等しくなるから，

AB：DE ＝ BC：EF

7：DE ＝ 1：2

よって，

DE×1 ＝ 7×2

DE ＝ 14 答

$a:b=c:d$ のとき
$b\times c=a\times d$

+α ポイント　相似な2つの三角形を探す

相似条件の３つ目の「❸ 2 組の角の大きさがそれぞれ等しい」を用いて相似な 2 つの三角形を探すことがよくあります。代表的な 2 つのパターンを紹介しておきましょう。

❶ 共通角があるとき

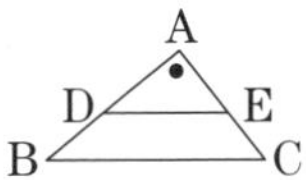

❷ 対頂角があるとき

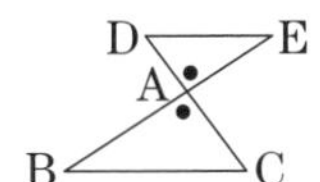

❶，❷ともに三角形 ABC と三角形 ADE において，
∠BAC ＝∠DAE
となっている。あとはどこか 1 組の角の大きさが等しければ，
△ABC∽△ADE（△AED）

数検でるでるテーマ41　証　明

数検でるでるポイント41　証明のしくみ　Point

(1)　**仮定と結論**

数学的に正しいか正しくないかが明確になることがら

「❶ならば，❷である。」

において，❶の部分を**仮定**，❷の部分を**結論**という。

(2)　**証明**…仮定から，正しいとわかっていることがらを根拠にして結論を導くこと。

(3)　**反例**…あることがらが正しくないことを示す例のこと。

（仮定にあてはまるが，結論にあてはまらない例）

(4)　**逆**…あることがらの仮定と結論を入れかえたことがらのこと。

数検でるでる問題

1　次のことがらについて，仮定と結論をいいなさい。さらに，このことがらの逆をいいなさい。　★

「$\triangle ABC \equiv \triangle DEF$ ならば，$AB = DE$ である。」

2　次のことがらが正しくないことを示す反例を下の①，②，③の中から1つ選びなさい。　★★

「整数 x，y において，$x + y$ が正の整数ならば，x，y はともに正の整数である。」

①　$x = 2$，$y = 3$　　②　$x = -2$，$y = 3$　　③　$x = -3$，$y = 1$

考え方

1　ことがらにおいて，「(仮定)ならば，(結論)である。」ということを覚えておこう。逆は(仮定)と(結論)を入れかえたことがらである。

2　ことがらの仮定にあてはまるもののうち，結論にあてはまらないものを選べばよい。

1 仮定は，$\triangle \mathrm{ABC} \equiv \triangle \mathrm{DEF}$ 答

結論は，$\mathrm{AB} = \mathrm{DE}$ 答

ことがらの逆は，

「$\mathrm{AB} = \mathrm{DE}$ ならば，$\triangle \mathrm{ABC} \equiv \triangle \mathrm{DEF}$ である。」 答

2 仮定は，「$x + y$ が正の整数」，

結論は，「x，y はともに正の整数」である。

①について，$x + y = 2 + 3 = 5$

x，y はともに正の整数である。

②について，$x + y = -2 + 3 = 1$

x は負の整数，y は正の整数である。

③について，$x + y = -3 + 1 = -2$

これはことがらの仮定にあてはまらない。

x は負の整数，y は正の整数である。

よって，反例は ② 答

↑仮定にあてはまるが，結論にあてはまらない

+α ポイント　ことがらの逆について

ことがら「A ならば，B である。」が正しいものであっても，その逆である「B ならば，A である。」が正しいとは限りません。覚えておきましょう。

数検でるでるテーマ42　図形の移動

数検でるでるポイント42　平行移動，対称移動，回転移動　Point

❶ 平行移動

図形上のすべての点を，同じ向きに同じ長さだけ移動させること。

例　三角形を平行移動する。

三角形 ABC が
三角形 A′B′C′
に平行移動

❷ 対称移動

ある直線を折り目にして折り返して移動させること。

例

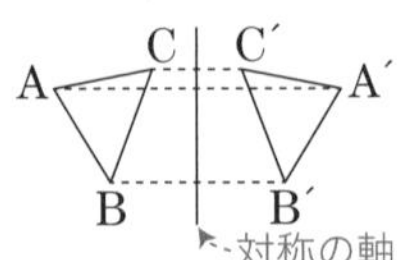

❸ 回転移動

回転の中心となる点のまわりにすべての点を同じ角度だけ回転させること。

例

A′
B′
A
O
B
回転の中心

数検でるでる問題

1　平行四辺形 ABCD において，辺 AB，辺 AD をそれぞれ平行移動したときに一致する辺を答えなさい。　★

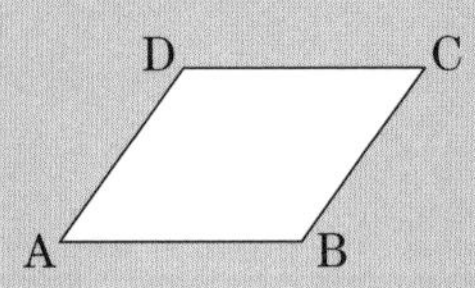

2　正六角形 ABCDEF において，図のように対角線をひき，その交点を O とします。

三角形 OAB を辺 AD を対称の軸として対称移動させたときに重なる図形を答えなさい。　★★

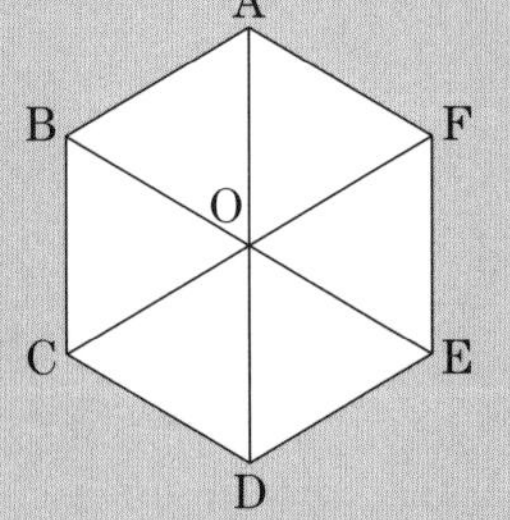

◀第1章 ◀第2章 ◀第3章 ◀第4章 ◀第5章

考え方

1 平行移動は「同じ向き」「同じ長さ」がキーワードとなる。

2 対称移動なので，辺 AD を折り目にして折り返してみたとき，三角形 OAB と重なるのはどの図形か考えてみよう。

解答例

1 辺 AB については，

点 A を点 D に，点 B を点 C に　⬅すべての点を同じ向きに同じ長さだけ移動

平行移動すればよいので，求める辺は

辺 DC　答

同じように，辺 AD については，

点 A を点 B に，点 D を点 C に

平行移動すればよいので，求める辺は

辺 BC　答

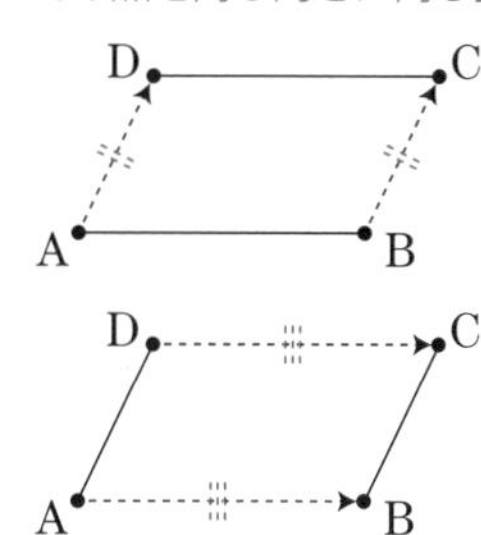

2 辺 AD を折り目にして三角形 OAB を折り返すと，重なる図形は

三角形 OAF　答

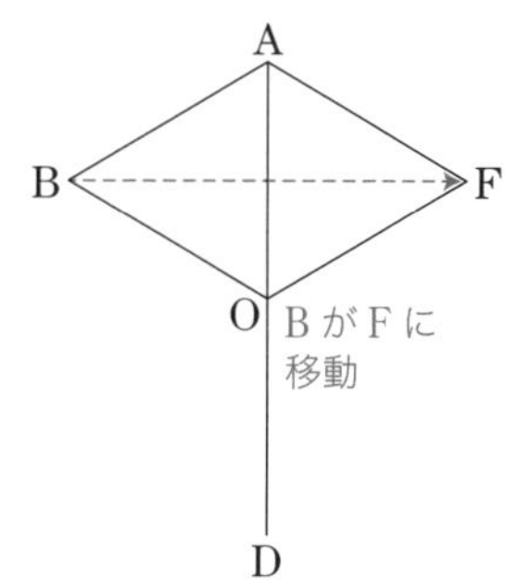

+α ポイント　**点対称移動について**

回転移動の中で 180°の回転を点対称移動といいます。

O に関して A と対称な点が A′ のとき

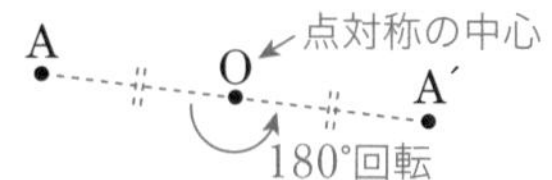

数検でるでるテーマ43　平行線と角

数検でるでるポイント43　対頂角，同位角，錯角　Point

(1) 対頂角

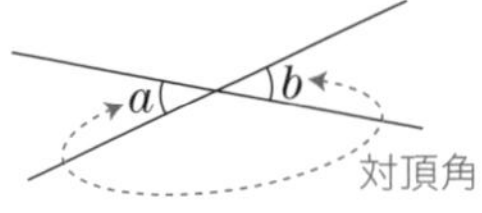

2つの直線が交わったときにできる角

$\angle a$, $\angle b$ について

$$\angle \boldsymbol{a} = \angle \boldsymbol{b}$$

(2) 同位角，錯角

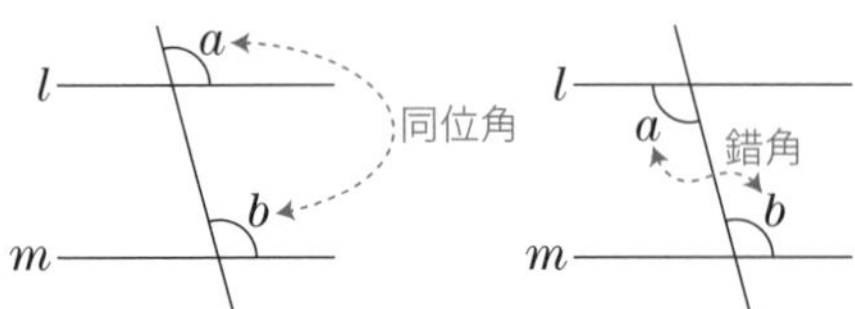

2つの直線 l と m が

$l /\!/ m$ をみたすとき，

$$\angle \boldsymbol{a} = \angle \boldsymbol{b}$$

数検でるでる問題

1 次の問いに答えなさい。★

右の図で，$l /\!/ m$ のとき，$\angle x$ の大きさは何度ですか。

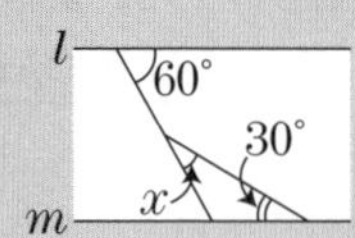

2 次の問いに答えなさい。★★

右の図で，$l /\!/ m$ のとき，$\angle x$ の大きさは何度ですか。

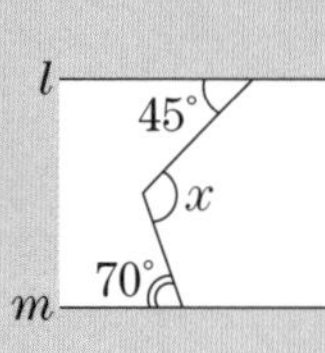

考え方

1 $l /\!/ m$ だから，同位角，錯角は等しくなる。
同位角，錯角を探そう。

2 $l /\!/ m$ だから，同位角，錯角は等しくなるが，問題そのままでは同位角，錯角は存在しない。l，m に平行な直線をひいてみよう。

解答例

1

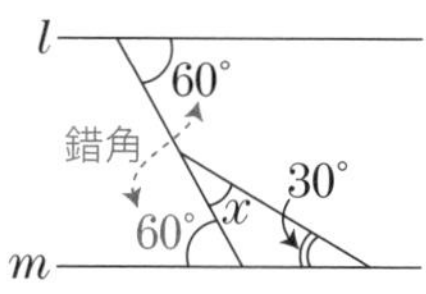

l と m は平行であるから錯角は等しい。
直線 m 上に 60° が存在する。
さらに三角形の内角と外角の関係より，

$\angle x + 30° = 60°$

$\angle x = 30°$ 答

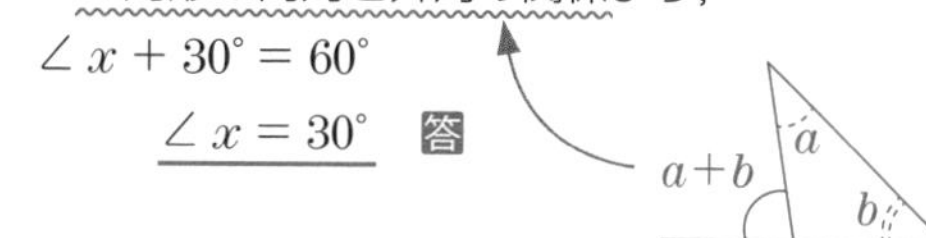

2

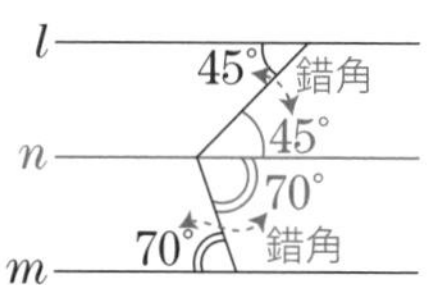

左の図のように l，m と平行となる直線 n をひく。
l と n，m と n は平行であるから錯角は等しい。
直線 n 上に 45° と 70° が存在する。
よって，

$\angle x = 45° + 70° = 115°$ 答

+α ポイント　同位角，錯角はいつでも等しい？

いつでも同位角，錯角が等しくなるわけではありません。

右の図のような場合，2 つの直線 l，m に対する同位角，錯角は大きさが異なります。$l /\!/ m$ でなければ等しくなりません。

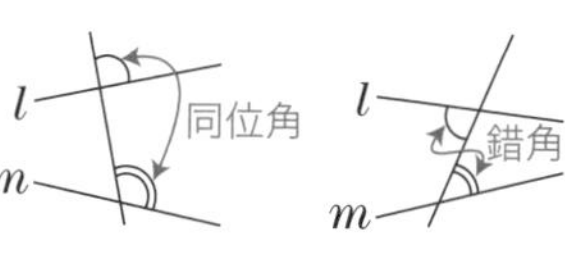

数検でるでるテーマ44 円・おうぎ形

数検でるでるポイント44 円・おうぎ形 Point

(1) 円　半径をrとする。(rは正の数)

❶ **面積……πr^2**　❷ **円周の長さ……$2\pi r$**

(ただし，π は円周率とする)

(2) おうぎ形　半径をr，中心角を$a°$とする。(r，aは正の数)

❶ **面積……$\pi r^2 \times \dfrac{a}{360}$**

❷ **弧の長さ……$2\pi r \times \dfrac{a}{360}$**

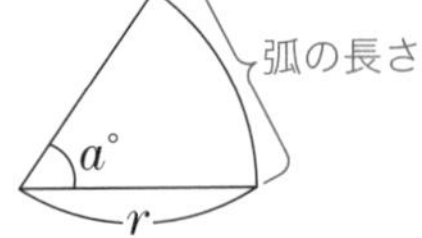

(ただし，π は円周率とする)

数検でるでる問題

1 次の問いに答えなさい。 ★

半径が3 cmの円の面積と，円周の長さを求めなさい。ただし，円周率は π とします。

2 次の問いに答えなさい。 ★★

半径が2 cm，中心角が60°のおうぎ形の面積と，弧の長さを求めなさい。ただし，円周率は π とします。

考え方

1 円における面積と円周の長さの公式を使う。

2 おうぎ形における面積と弧の長さの公式を使う。

1 面積は,

$\pi \times 3^2 = \underline{9\pi\,(\text{cm}^2)}$ 答

⬆(円周率)×(半径)^2

円周の長さは,

$2\pi \times 3 = \underline{6\pi\,(\text{cm})}$ 答

⬆ 2×(円周率)×(半径)

2 面積は,

$\pi \times 2^2 \times \dfrac{60}{360}$ ⬅円の中心角は 360°, おうぎ形の中心角は 60°

$= \pi \times 4 \times \dfrac{1}{6}$

$= \underline{\dfrac{2}{3}\pi\,(\text{cm}^2)}$ 答

弧の長さは,

$2\pi \times 2 \times \dfrac{60}{360}$ ⬅円の中心角は 360°, おうぎ形の中心角は 60°

$= 2\pi \times 2 \times \dfrac{1}{6}$

$= \underline{\dfrac{2}{3}\pi\,(\text{cm})}$ 答

+α ポイント おうぎ形で使う公式について

面積, 弧の長さの公式ともに $\dfrac{a}{360}$ という分数をかけていました。たとえば半径が r, 中心角が 60° のおうぎ形を考えてみましょう。このおうぎ形は半径が r の円の一部分であり, 中心角 360° の円にたいして, 中心角 60° はどのくらいの割合なのかを考えているということです。

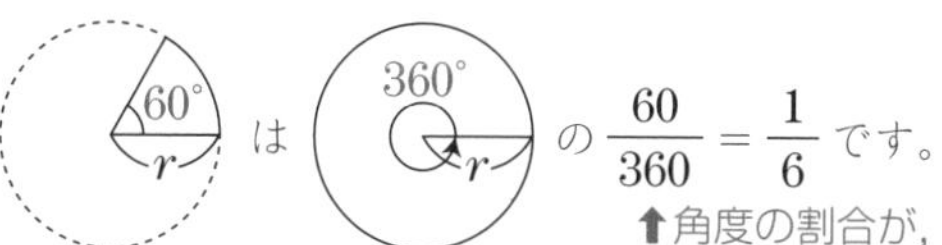

$\dfrac{60}{360} = \dfrac{1}{6}$ です。

⬆角度の割合が, おうぎ形の面積や弧の長さの割合になる

数検でるでるテーマ45 円周角と中心角

数検でるでるポイント45 円周角，中心角 Point

(1) 円周角の定理

同じ長さの弧に対してできる円周角は等しい。

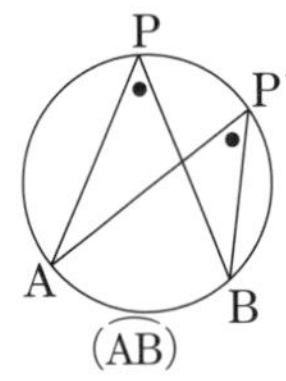

$\angle APB = \angle AP'B$

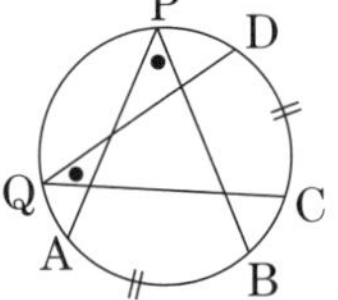

($\overset{\frown}{AB}$ の長さ)
$=$($\overset{\frown}{CD}$ の長さ)
のとき
$\angle APB = \angle CQD$

(2) 円周角と中心角の関係

円周角は中心角の半分の大きさである。

$\angle APB = \dfrac{1}{2}\angle AOB$

（$\angle APB$：円周角，$\angle AOB$：中心角）

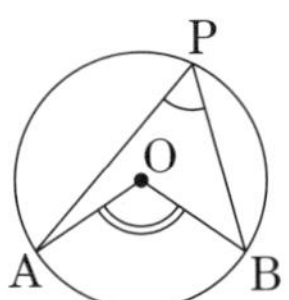

数検でるでる問題

1 次の問いに答えなさい。 ★

右の図の $\angle x$，$\angle y$ の大きさは何度ですか。ただし点 O は円の中心です。

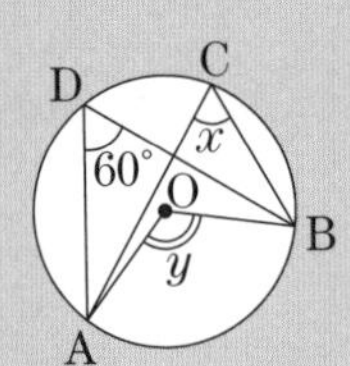

2 次の問いに答えなさい。 ★★

右の図の $\angle x$ の大きさは何度ですか。ただし，$\overset{\frown}{AB}$ の長さと $\overset{\frown}{EA}$ の長さは等しいとします。

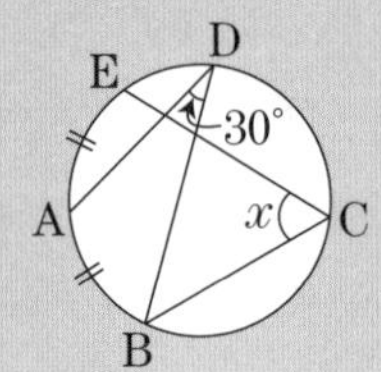

考え方

1 円周角の定理，円周角と中心角の関係を使って角度を求めよう。

2 図の中にある30°と同じ大きさとなる角がある。探してみよう。

解答例

1 $\angle$ ADB と $\angle$ ACB は $\overset{\frown}{AB}$ に対してできる円周角であるから,

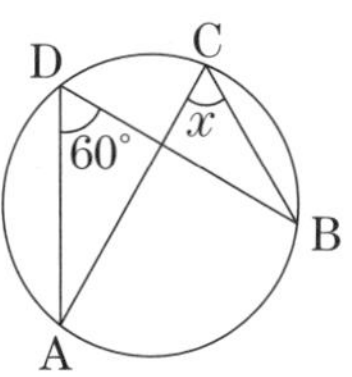

$\angle \mathrm{ADB} = \angle \mathrm{ACB}$

$60^\circ = \angle \mathrm{ACB}$

よって, $\angle x = 60^\circ$ 答

$\overset{\frown}{AB}$ に対して, $\angle$ ADB は円周角, $\angle$ AOB は中心角であるから,

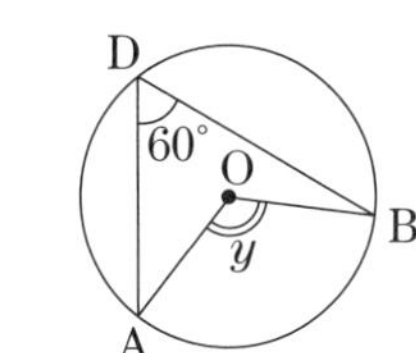

$$\angle \mathrm{ADB} = \frac{1}{2}\angle \mathrm{AOB}$$

$$60^\circ = \frac{1}{2}\angle \mathrm{AOB}$$

$$120^\circ = \angle \mathrm{AOB}$$

よって, $\angle y = 120^\circ$ 答

2 線分 AC をひく。 ⬅補助線として

$\overset{\frown}{AB}$ の長さと $\overset{\frown}{EA}$ の長さは等しいから, 円周角の定理を使って,

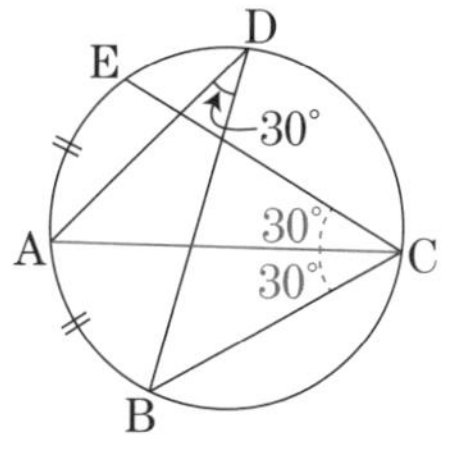

$\angle \mathrm{ADB} = \angle \mathrm{ECA}$

$30^\circ = \angle \mathrm{ECA}$

したがって,

$\angle \mathrm{ECA} = 30^\circ$

また, $\overset{\frown}{AB}$ の円周角より, $\angle \mathrm{ADB} = \angle \mathrm{ACB}$ であるから

$30^\circ = \angle \mathrm{ACB}$

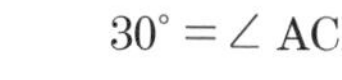

よって,

$\angle \mathrm{ACB} = 30^\circ$

まとめて, $\angle x = \angle \mathrm{ECA} + \angle \mathrm{ACB} = 30^\circ + 30^\circ = 60^\circ$ 答

+α ポイント　直径に対する円周角は90°である

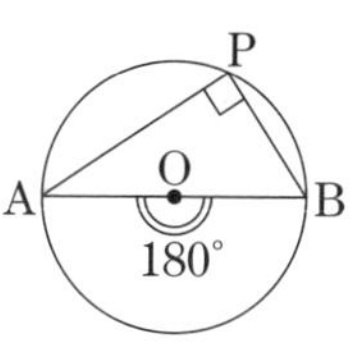

右の図のように, 中心を O とする円において, 三角形 ABP を AB が直径となるようにつくる。

このとき $\overset{\frown}{AB}$ に対してできる中心角は 180° であるから, 円周角 $\angle$ APB は

$$\angle \mathrm{APB} = \frac{1}{2} \times 180^\circ = 90^\circ$$

となり, 三角形 ABP は $\angle \mathrm{APB} = 90^\circ$ の直角三角形となります。

数検でるでるテーマ46　三平方の定理

数検でるでるポイント46　三平方の定理　Point

直角三角形 ABC の直角をはさむ 2 辺 BC，CA の長さをそれぞれ a，b，斜辺 AB の長さを c とすると，

$$a^2 + b^2 = c^2$$

が成り立つ。

逆も成り立つ。三角形 ABC で，BC $= a$，CA $= b$，AB $= c$ とするとき，$a^2 + b^2 = c^2$ が成り立つならば，$\angle \mathrm{C} = 90^\circ$ となり，三角形 ABC は直角三角形である。

数検でるでる問題

1 次の問いに答えなさい。★
右の図の直角三角形で，辺 AB の長さを求めなさい。

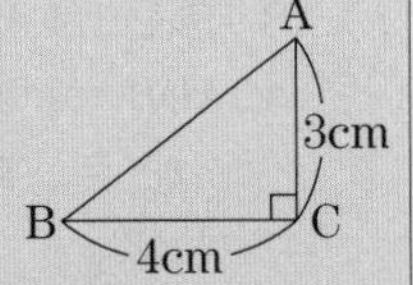

2 次の問いに答えなさい。★★
右の図の直角三角形で，辺 BC の長さを求めなさい。

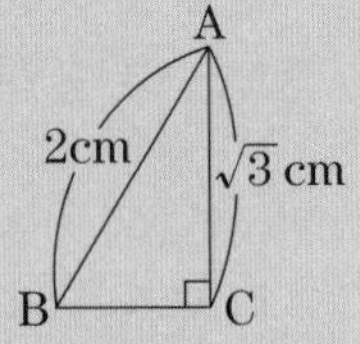

3 次の問いに答えなさい。★★
次の長さを 3 辺とする三角形のうち，直角三角形になるものを選びなさい。
(ア)　5 cm，6 cm，7 cm　　(イ)　5 cm，12 cm，13 cm

考え方

1 三平方の定理を用いる。辺 AB は斜辺であることに注意しよう。

2 三平方の定理を用いる。辺 BC は斜辺ではないことに注意しよう。

3 最も長い辺に注意して，三平方の定理が成り立つかどうかを調べてみよう。

1 三平方の定理を用いる。

$4^2 + 3^2 = AB^2$ ⬅辺 AB が斜辺

$AB^2 = 25$

$AB > 0$ であるから，

$AB = \underline{5\ (cm)}$ 答

2 三平方の定理を用いる。

$BC^2 + (\sqrt{3})^2 = 2^2$ ⬅辺 AB が斜辺

$BC^2 + 3 = 4$

$BC^2 = 1$

$BC > 0$ であるから，

$BC = \underline{1\ (cm)}$ 答

3 ㈠ 最も長い 7 cm の辺の長さを c とし，5 cm，6 cm の辺の長さをそれぞれ a，b とする。このとき，

$a^2 + b^2 = 5^2 + 6^2 = 61$，$c^2 = 7^2 = 49$

よって，$a^2 + b^2 = c^2$ という関係が成り立たないから，この三角形は直角三角形ではない。

㈡ 最も長い 13 cm の辺の長さを c とし，5 cm，12 cm の辺の長さをそれぞれ a，b とする。このとき，

$a^2 + b^2 = 5^2 + 12^2 = 169$，$c^2 = 13^2 = 169$

よって，$a^2 + b^2 = c^2$ という関係が成り立つから，この三角形は直角三角形である。

したがって，直角三角形となる三角形は <u>㈡</u> 答

+α ポイント　直角三角形の斜辺

直角三角形の 90° の内角に向かい合う辺を「斜辺」とよびます。斜辺は直角三角形の 3 つの辺で最も長い辺です。三平方の定理は斜辺の長さの 2 乗が，残りの 2 辺の長さをそれぞれ 2 乗したものの和と等しいという式です。「斜辺」はどれなのかいつも意識してみましょう。

数検でるでるテーマ47 二等辺三角形・正三角形

数検でるでるポイント47 特殊な三角形 Point

(1) **二等辺三角形**……2つの辺の長さが等しい三角形

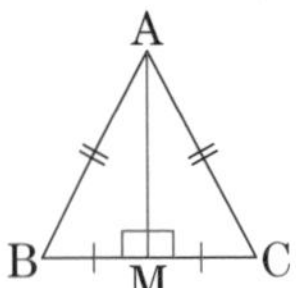

AB = AC の二等辺三角形 ABC において，頂点 A から辺 BC に垂線をおろす。辺 BC と垂線との交点を M とすれば

BM = CM （M は辺 BC の中点）

が成り立つ。

(2) **正三角形**……3つの辺の長さが等しい三角形

数検でるでる問題

1 次の問いに答えなさい。 ★★

二等辺三角形 ABC は，AB = CA = 5，BC = 8 を満たします。頂点 A と辺 BC の中点 M を結んだ線分 AM の長さを求めなさい。

2 次の問いに答えなさい。 ★★

正三角形 ABC は 1 辺の長さが 2 です。正三角形 ABC の面積を求めなさい。

考え方

1 二等辺三角形 ABC の性質から，M が BC の中点ならば，AM ⊥ BC である。さらに直角三角形を見つけて，三平方の定理も使おう。

2 頂点 A から辺 BC へ下ろした垂線と BC の交点を M として，三角形 ABM がどんな図形かを考えよう。

解答例

1 二等辺三角形 ABC は，右の図のようになる。

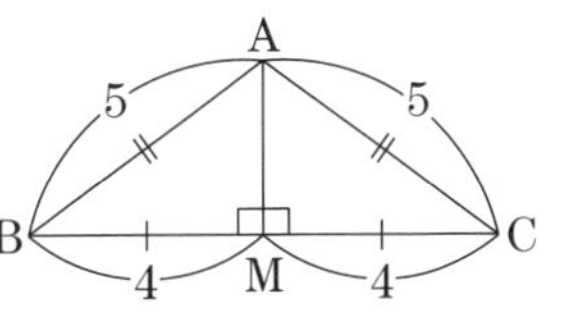

点 M は辺 BC の中点であるから，

$$BM = CM = 4$$

さらに，二等辺三角形の性質より

AM と BC は垂直である。

三角形 ABM は $\angle M = 90^\circ$ の直角三角形となり，三平方の定理を使って，

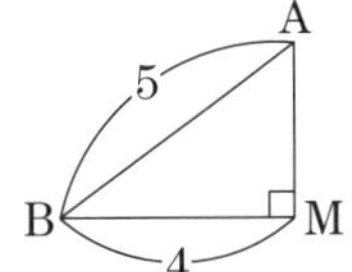

$$4^2 + AM^2 = 5^2$$
$$16 + AM^2 = 25$$
$$AM^2 = 9$$

AM ＞ 0 であるから，

$$\underline{AM = 3}$$ 答

2 正三角形 ABC は，頂点 A から辺 BC へ下ろした垂線と BC との交点を M として，右の図のようになる。

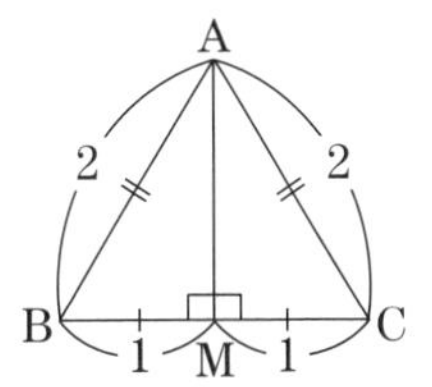

直角三角形 ABM は

$\angle M = 90^\circ$，$\angle A = 30^\circ$，$\angle B = 60^\circ$ となるから，

$$AM = \sqrt{3}$$

よって，面積は

$$\frac{1}{2} \times BC \times AM$$
$$= \frac{1}{2} \times 2 \times \sqrt{3}$$
$$= \underline{\sqrt{3}}$$ 答

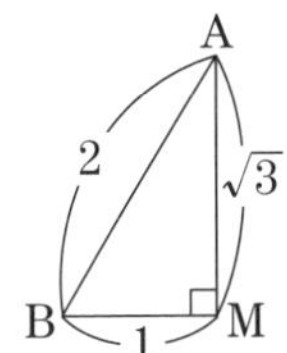

+α ポイント　**特殊な三角形**

1 でもわかるように二等辺三角形と直角三角形には深い関係があります。二等辺三角形が出てくる問題をみたときに，直角三角形に話が移っていく可能性があることを感じてほしいですね。

数検でるでるテーマ48 多角形の性質

数検でるでるポイント48 多角形のとらえ方 Point

多角形を扱うときは対角線などをひいて**三角形をつくって**考える。

例をいくつか考えてみよう。

例 (1) 五角形

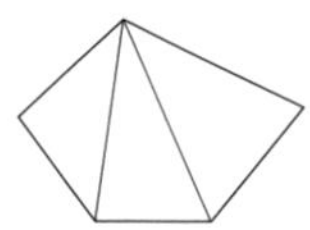

三角形は3個つくれるから，内角の和は，

$180° \times 3 = 540°$

(2) 七角形

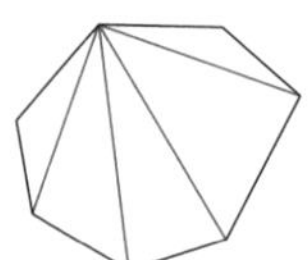

三角形は5個つくれるから，内角の和は，

$180° \times 5 = 900°$

（180°：三角形の内角の和）

n角形だと，三角形は$(n-2)$個つくれるから，内角の和は，**$180° \times (n-2)$**となる。

数検でるでる問題

1 次の問いに答えなさい。 ★

六角形の内角の和は何度ですか。

2 次の問いに答えなさい。 ★★

正五角形の1つの内角の大きさは何度ですか。

考え方

1 六角形に対角線をひいて分割すると三角形は4個つくれる。

2 正五角形の内角の和は，$180° \times (5-2)$で求められる。正五角形の1つの内角の大きさは，内角の和を5でわって求める。

1 六角形の内角の和は，

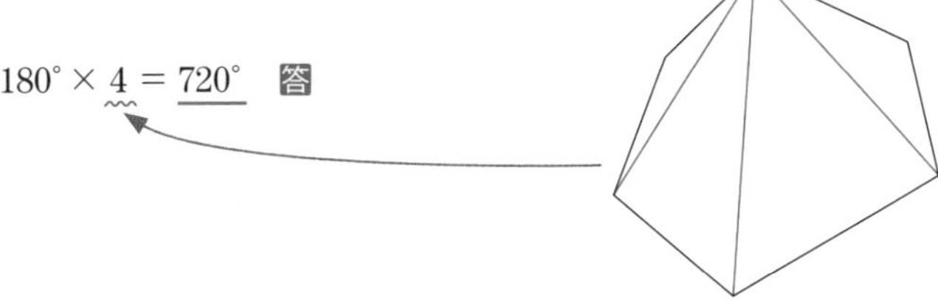

$180° \times \underset{\sim}{4} = \underline{720°}$ 答

三角形は 4 個つくれる

2 正五角形の内角の和は，

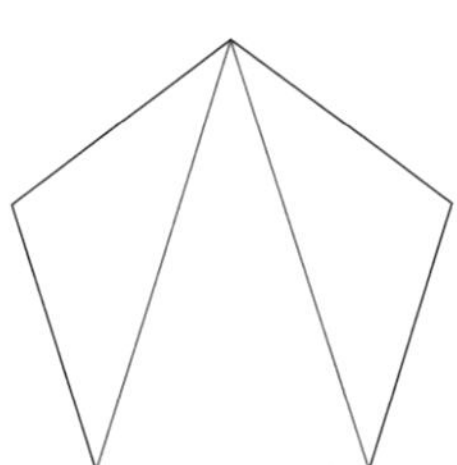

$180° \times \underset{\sim}{3} = 540°$

三角形は 3 個つくれる

よって，1 つの内角の大きさは，

$540° \div 5 = \underline{108°}$ 答

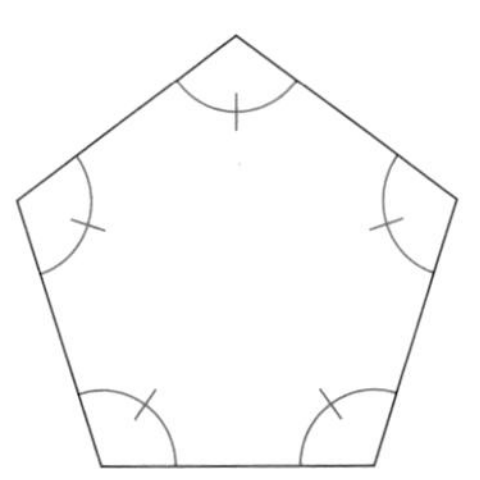

正多角形の内角の大きさは
すべて等しい

+α ポイント　三角形の問題として考える

図形問題を解くときは，直線などをひいて三角形をつくって考えるという方法が有効であることが多いです。

三角形をつくるように図に線(**補助線**)をかくことを意識してみましょう。

数検でるでるテーマ49 直線や平面の位置関係

数検でるでるポイント49 直線や平面の位置関係 Point

(1) 直線と直線の位置関係

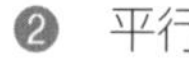

❶ 交わる

交点を１つもつ

❷ 平行

同一平面上にある２つの直線が交わらない

❸ ねじれの位置

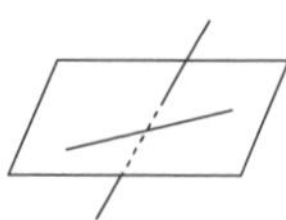

①交わる，②平行のどちらでもない

(2) 平面と平面の位置関係

❶ 交わる

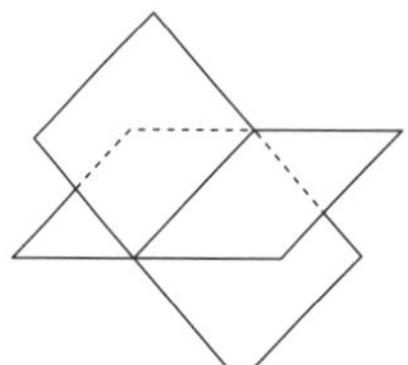

❷ 平行(交わらない)

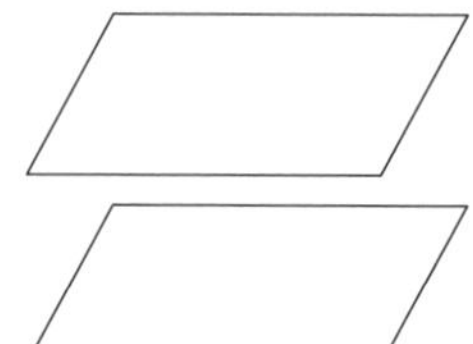

数検でるでる問題

1 次の問いに答えなさい。

右の図は正六角形 ABCDEF において，その中心 O を通る対角線をひいたものです。

辺 AB と交わる線分，平行となっている線分をそれぞれすべて答えなさい。★

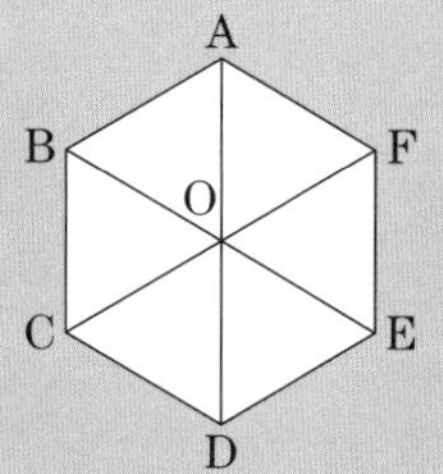

2 次の問いに答えなさい。

右の立方体 ABCD－EFGH において，辺 AB とねじれの位置の関係にある辺をすべて答えなさい。また，面 ABCD と平行となっている面をすべて答えなさい。★★

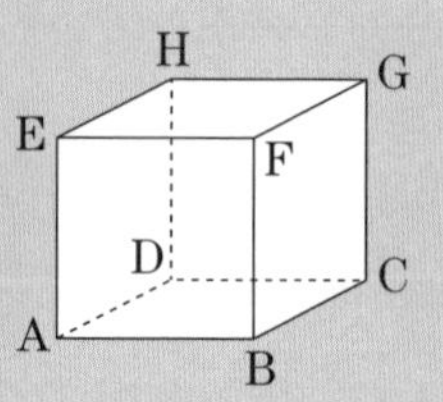

1　三角形 OAB，OBC，OCD，ODE，OEF，OFA はすべて正三角形である。辺 AB と平行となっている線分はこれらの正三角形をヒントに見つけよう。

2　ねじれの位置にある辺は，辺 AB と交わらない，平行でない辺のことである。

解答例

1　辺 AB と交わる線分は，

線分 BC，線分 OB，線分 OA，線分 AF，線分 BE，線分 AD　**答**

である。

$\angle \mathrm{BAO} = \angle \mathrm{FOA} = 60^\circ$

より錯角が等しいから

AB // OF

同様に考えて辺 AB と平行となる線分は，

線分 OF，線分 OC，線分 DE，線分 CF　**答**

である。

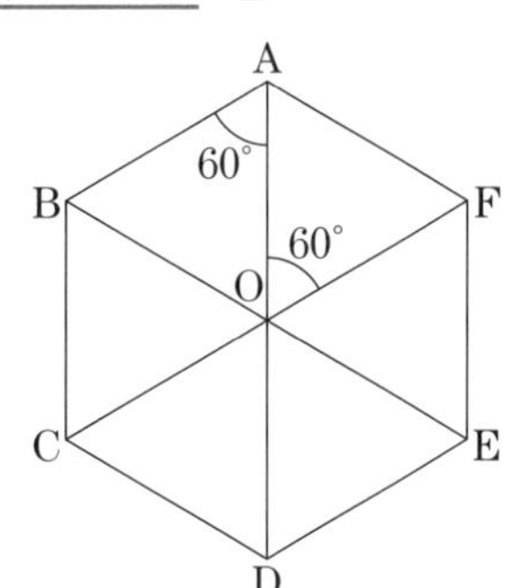

2　辺 AB とねじれの位置にある辺は，

交わる辺，平行である辺以外の辺であるから，

辺 CG，辺 DH，辺 FG，辺 EH　**答**

である。

面 ABCD と平行となっている面は，

面 EFGH　**答**

である。

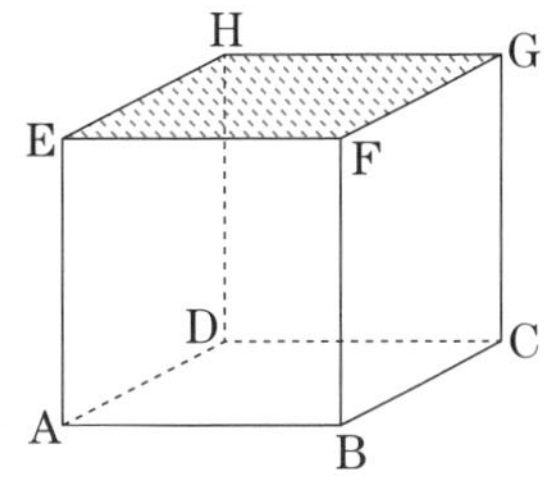

+α ポイント　直線や平面の位置関係を見分ける

(1) 直線と直線の位置関係は，❶交わる❷平行❸ねじれの位置のいずれかになるわけですから，これ以外の関係性はないということになります。❸ねじれの位置を調べるときは，**2** のように，❶交わる，❷平行の 2 つの関係性を調べれば，それ以外のすべてが❸ねじれの位置と判断できます。

数検でるでるテーマ50　角柱・円柱

数検でるでるポイント50　角柱・円柱　Point

(1)　**体　積**

角柱・円柱の体積は,

底面積をS,高さをhとすると,

Sh

で求められる。ただし,高さを表す線分は底面と**垂直**となっている。

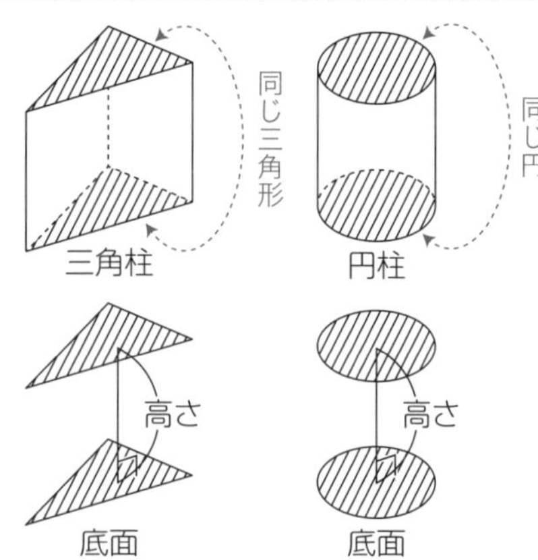

(2)　**表面積**

角柱・円柱の表面積は,立体図形の表面にある三角形や四角形や円などの面積の総和となる。

たとえば円柱は,

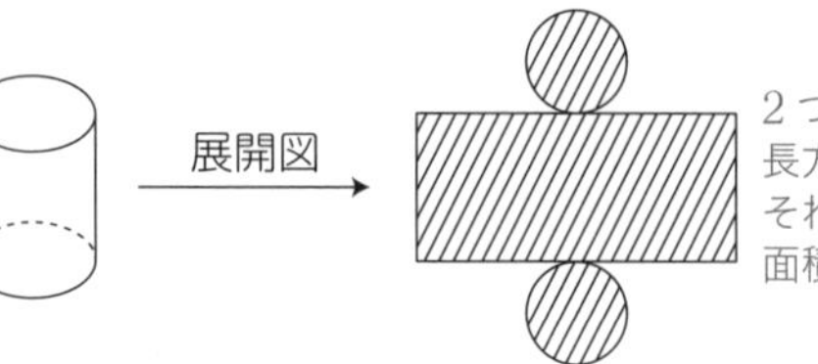

数検でるでる問題

1　次の問いに答えなさい。　★★

右の立体の体積は何cm^3ですか。単位をつけて答えなさい。

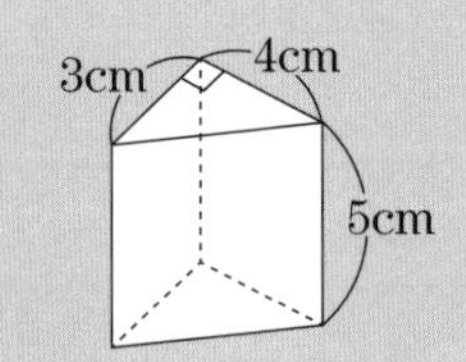

2　次の問いに答えなさい。　★★★

右の立体の表面積は何cm^2ですか。単位をつけて答えなさい。ただし,円周率はπとします。

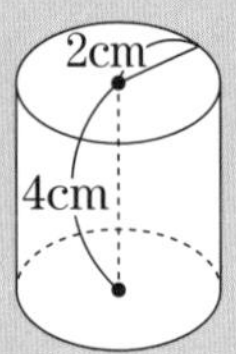

1 底面は3辺の長さがそれぞれ3 cm, 4 cm, 5 cm（三平方の定理より）の三角形で，高さは5 cmとなる。

2 底面は半径が2 cmの円で，高さは4 cmとなる。

1 底面積は，

$$\frac{1}{2} \times 3 \times 4 = 6\ (\text{cm}^2)$$

よって，求める体積は，

$$6 \times 5 = \underline{30\ (\text{cm}^3)}$$ 答

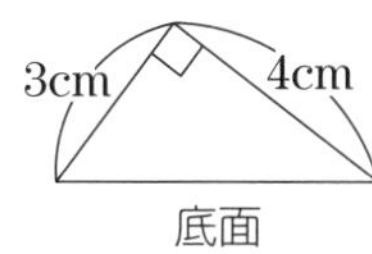

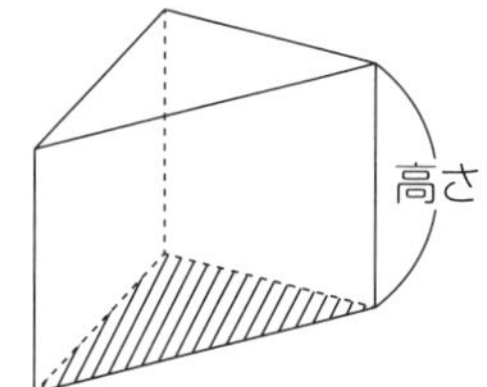

2 底面は半径を2 cmとする円である。底面積は

$$\pi \times 2^2 = 4\pi\ (\text{cm}^2)$$

側面の長方形の横の長さは底面の円周の長さ

$$2 \times \pi \times 2 = 4\pi\ (\text{cm})$$

に等しい。よって，側面積は，

$$4 \times 4\pi = 16\pi\ (\text{cm}^2)$$

表面積は，

$$4\pi + 4\pi + 16\pi = \underline{24\pi\ (\text{cm}^2)}$$ 答

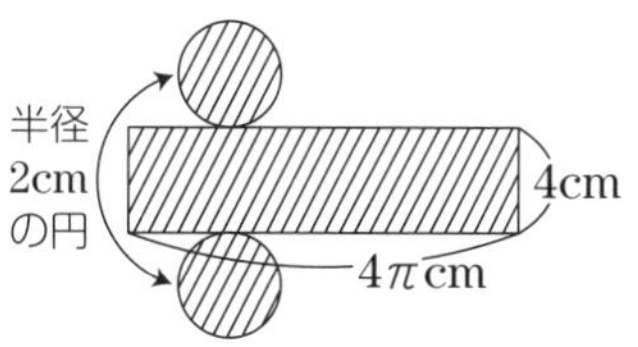

+α ポイント　底面をどう決めるか？

立体図形の体積を考えるとき，どこの面を底面とするのかがポイントとなります。図形内にあるその底面と垂直となる線分の長さが高さとなる可能性があります。

数検でるでるテーマ51 角錐・円錐

数検でるでるポイント51 角錐・円錐 Point

(1) **体 積**

角錐・円錐の体積は，底面積を S，高さを h とすると，

$$\frac{1}{3}Sh$$

で求められる。ただし，高さを表す線分は底面と**垂直**となっている。

これは，底面に向かい合う頂点（右の図だと A）から底面へ下ろした垂線の長さが高さということである。

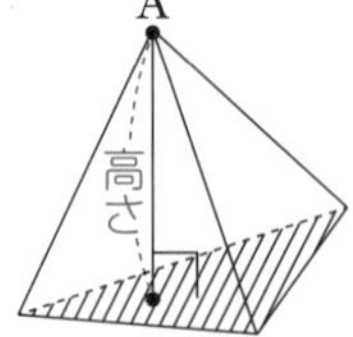

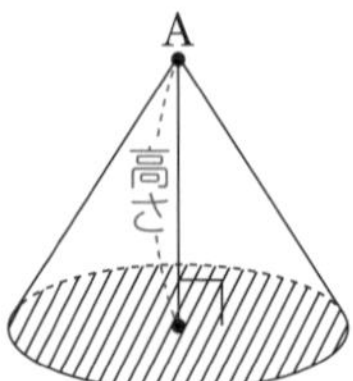

(2) **表 面 積**

角錐・円錐の表面積は，立体図形をつくっている表面にある三角形や四角形，円やおうぎ形などの面積の総和となる。

たとえば円錐は，

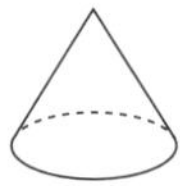

展開図 →

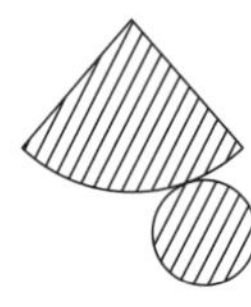

おうぎ形と円のそれぞれの面積の和

数検でるでる問題

1 次の問いに答えなさい。 ★★

右の三角錐 ABCD の体積は何 cm^3 ですか。単位をつけて答えなさい。ただし，線分 AH は，三角形 BCD を底面としたときの三角錐 ABCD の高さです。さらに三角形 BCD は∠ C = 90° の直角三角形です。

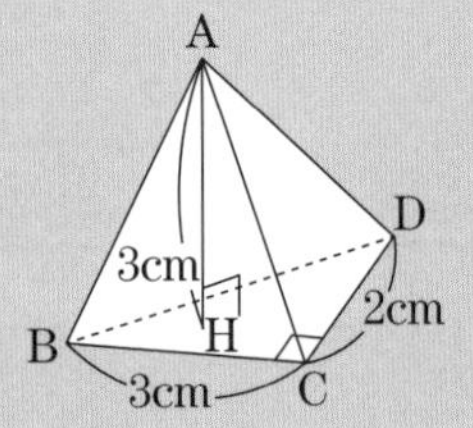

2 次の問いに答えなさい。 ★★★

右の円錐の表面積は何 cm^2 ですか。単位をつけて答えなさい。ただし，円周率は π とします。

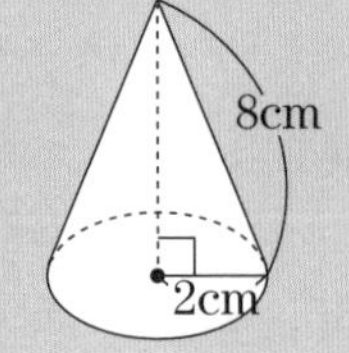

考え方

1 底面は三角形 BCD である。高さは AH の長さで 3 cm である。

2 底面は半径が 2 cm の円である。底面の円周の長さが，側面のおうぎ形の弧の長さ 4π cm となる。

解答例

1 底面は，BC = 3(cm)，CD = 2(cm)，∠C = 90° の直角三角形BCD である。
したがって底面積は，

$$\frac{1}{2} \times 3 \times 2 = 3(\text{cm}^2)$$

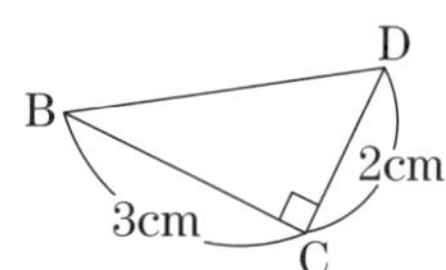

高さは 3cm であるから，求める体積は，

$$\frac{1}{3} \times 3 \times 3 = \underline{3(\text{cm}^3)}$$ 答

2 底面の円の面積は

$$\pi \times 2^2 = 4\pi\,(\text{cm}^2)$$

底面の円周の長さは，

$$2 \times \pi \times 2 = 4\pi\,(\text{cm})$$

であり，これが側面のおうぎ形の弧の長さとなる。

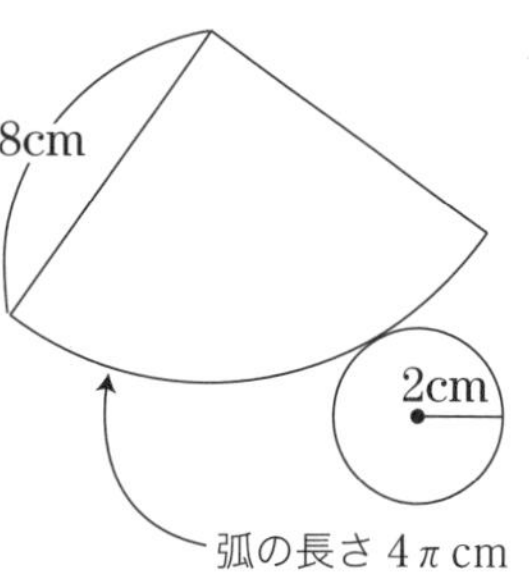

おうぎ形の中心角は，

$$360^\circ \times \frac{4\pi}{2 \times \pi \times 8} = 90^\circ$$

したがって，側面積は，

$$\pi \times 8^2 \times \frac{90}{360} = 16\pi\,(\text{cm}^2)$$

よって，表面積は，$4\pi + 16\pi = \underline{20\pi\,(\text{cm}^2)}$ 答

+α ポイント $\frac{1}{3}$**倍を忘れずに!!**

数検でるでるテーマ 50 **角柱・円柱**で学んだ体積の公式とよく似ていますね。しかし，角錐・円錐の体積の公式には $\frac{1}{3}$ 倍があります。うっかり忘れることがないようにしましょう。

数検でるでるテーマ52 球

数検でるでるポイント52 球 Point

半径が r（正の数）である球を考える。

❶ 体積

$$\frac{4}{③}\pi r^3$$

⬆分母の3を忘れずにかく

❷ 表面積

$$4\pi r^2$$

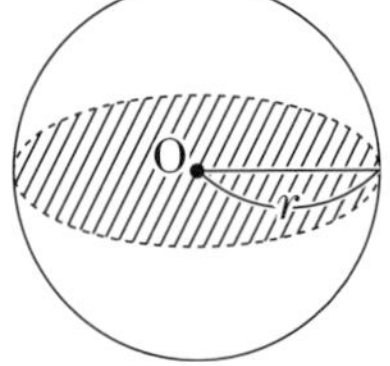

中心をOとする

ただし，円周率は π とする。

数検でるでる 問題

1 次の問いに答えなさい。 ★

半径が3 cmの球の体積は何 cm^3 ですか。単位をつけて答えなさい。ただし，円周率は π とします。

2 次の問いに答えなさい。 ★

右の球の表面積は何 cm^2 ですか。単位をつけて答えなさい。ただし，円周率は π とします。

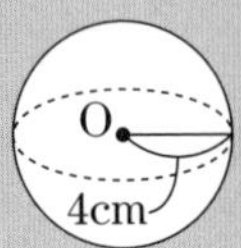

Oは球の中心

⬇考え方

1 体積の公式 $\frac{4}{3}\pi r^3$ にあてはめて答えよう。

$\frac{4}{3}$ の分母の3を忘れずに。

2 表面積の公式 $4\pi r^2$ にあてはめて答えよう。

解答例

1 体積の公式を使って，

$\frac{4}{③} \times \pi \times 3^3$

↑忘れずにかく

$= \frac{4}{3} \times \pi \times 27$

$= 36\pi$

よって，

36π cm^3 答

2 表面積の公式を使って，

$4 \times \pi \times 4^2$

$= 4 \times \pi \times 16$

$= 64\pi$

よって，

64π cm^2 答

+α ポイント　公式を覚えるときに……

球の体積の公式と表面積の公式はとても似ています。覚えるときは理論的にとらえて覚えると間違いが少なくなります。

体積：$\frac{4}{3}\pi r^3$ ⬅3乗　　表面積：$4\pi r^2$ ⬅2乗

単位が cm のとき，体積の単位は cm^3，面積の単位は cm^2 となっています。求める公式と単位の次数が対応していることを理解しましょう。

数検でるでるテーマ53 回転体

数検でるでるポイント53 回転体 Point

ある図形を回転したときにできる**回転体**がどんな図形になるのかを考えてみよう。

❶ 長方形(正方形)

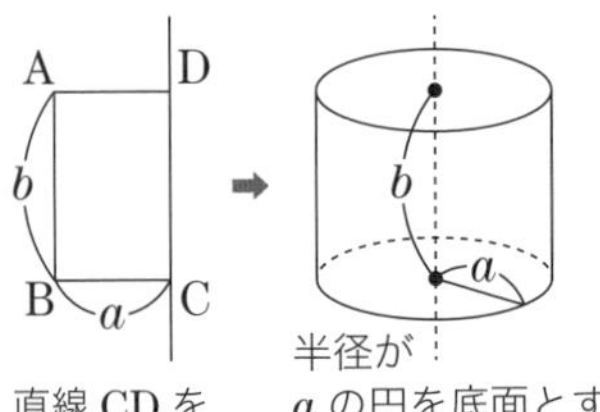

直線CDを軸とする

半径がaの円を底面とする高さがbの円柱

❷ 直角三角形

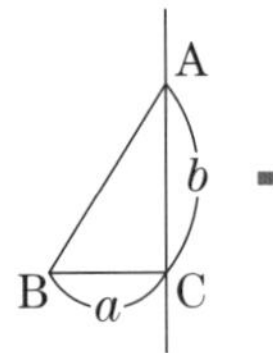

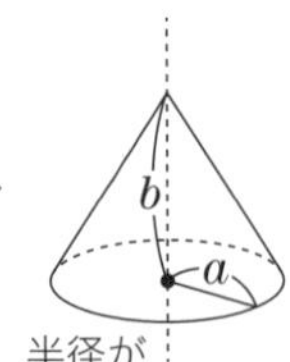

直線CAを軸とする

半径がaの円を底面とする高さがbの円錐

数検でるでるテーマ 50 **角柱・円柱** 数検でるでるテーマ 51 **角錐・円錐**で覚えた公式を使おう。

数検でるでる問題

1 次の問いに答えなさい。 ★★

右の図のように，AB = 3 cm，BC = 4 cm の長方形を直線CDを軸として1回転させます。このときにできる回転体の体積は何 cm^3 ですか。単位をつけて答えなさい。ただし，円周率は π とします。

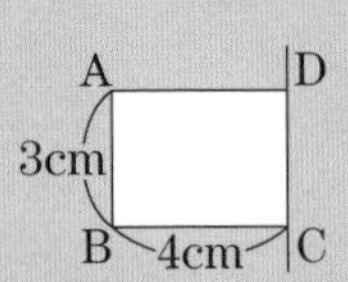

2 次の問いに答えなさい。 ★★

右の図のように，$\angle C = 90°$，BC = 3 cm，CA = 4 cm の直角三角形を直線CAを軸として1回転させます。このときにできる回転体の体積は何 cm^3 ですか。単位をつけて答えなさい。ただし，円周率は π とします。

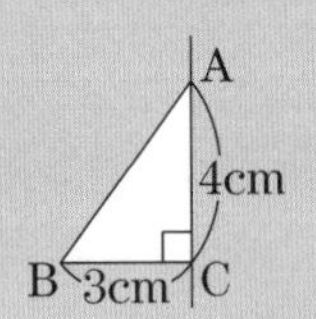

考え方

1 底面は半径が 4 cm の円で，高さが 3 cm の円柱となる。

2 底面は半径が 3 cm の円で，高さが 4cm の円錐となる。

解答例

1 回転体は，半径が 4 cm の円を底面とする，高さが 3 cm の円柱となる。

底面積は，$\pi \times 4^2 = 16\pi\ (\mathrm{cm}^2)$

よって，求める体積は，

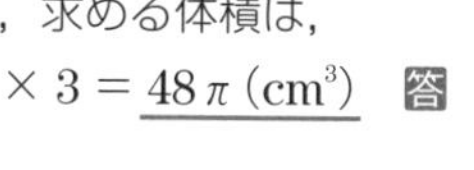

$16\pi \times 3 = \underline{48\pi\ (\mathrm{cm}^3)}$ 答

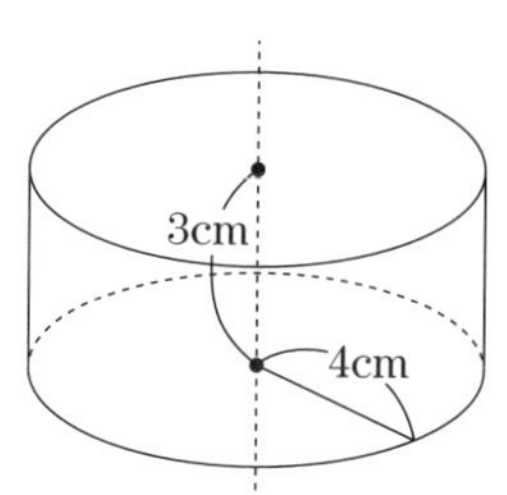

2 回転体は，半径が 3 cm の円を底面とする，高さが 4 cm の円錐となる。

底面積は，$\pi \times 3^2 = 9\pi\ (\mathrm{cm}^2)$

よって，求める体積は，

$\frac{1}{3} \times 9\pi \times 4 = \underline{12\pi\ (\mathrm{cm}^3)}$ 答

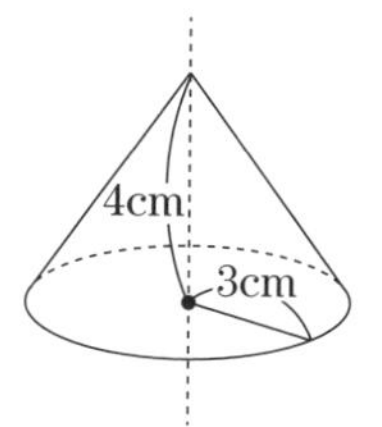

+α ポイント　立体図形をとらえる

「平面図形ならできるけれど，立体図形は苦手……」という声をよくききます。たしかに空間内にある立体図形を正確にとらえることは大変ですね。しかし，このような問題が少なくとも 1 題は出題されていることも事実です。自分自身で立体図形をつくってみたりして，問題に慣れていきましょう。

数検でるでるテーマ54 面積比・体積比

数検でるでるポイント54 相似な図形の面積比・体積比 Point

(1) 2つの平面図形が相似で，その相似比が $m:n$ のとき，**面積比は** $\boldsymbol{m^2:n^2}$ となる。

(2) 2つの立体図形が相似で，その相似比が $m:n$ のとき，**表面積比は** $\boldsymbol{m^2:n^2}$，**体積比は** $\boldsymbol{m^3:n^3}$ となる。

数検でるでる問題

1 次の問いに答えなさい。 ★★

△ABC と△DEF において，△ABC ∽△DEF であるとします。AB = 2 cm，DE = 3 cm，△ABC の面積が 8 cm² のとき，△DEF の面積を求めなさい。

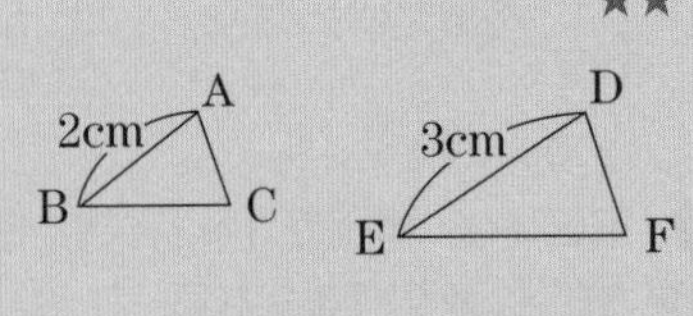

2 次の問いに答えなさい。 ★★

四面体 ABCD と四面体 EFGH において，2つの図形は相似で，BC : FG = 1 : 2 であるとします。2つの図形の表面積比と体積比をそれぞれ求めなさい。

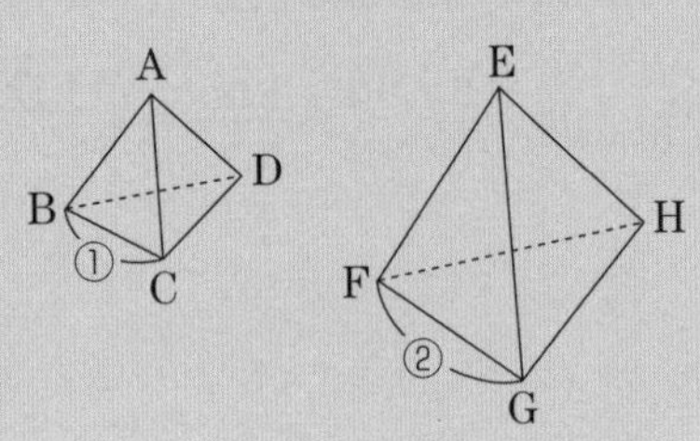

考え方

1 AB : DE = 2 : 3 より，△ABC と△DEF の相似比は 2 : 3 である。このとき，△ABC と△DEF の面積比は，$2^2:3^2=4:9$ である。

2 BC : FG = 1 : 2 より，四面体 ABCD と四面体 EFGH の相似比は 1 : 2 であるから，表面積比は $1^2:2^2$，体積比は $1^3:2^3$ となる。

解答例

1 AB：DE ＝ 2：3 より，△ ABC と△ DEF の相似比は 2：3 である。よって，△ ABC の面積と△ DEF の面積の比は，$2^2：3^2 = 4：9$ となる。

↑相似比の 2 乗となる

したがって，△ DEF の面積は，△ ABC の面積の $\frac{9}{4}$ 倍となり，求める面積は，

$8 \times \frac{9}{4} = \underline{18\ (\mathrm{cm}^2)}$ 答

2 四面体 ABCD と四面体 EFGH の相似比は，1：2 である。
よって，

↓相似比の 2 乗となる

表面積比は，$1^2：2^2 = \underline{1：4}$ 答

体積比は，$1^3：2^3 = \underline{1：8}$ 答

↑相似比の 3 乗となる

+α ポイント 何乗するのか？

2 つの平面図形の相似比が $m：n$ であるとき，その面積比（もしくは表面積比）は相似比を 2 乗した $m^2：n^2$ となります。単位で「cm」を用いる図形の面積の単位は「cm^2」となりますよね。面積の単位に 2 乗という表現があるということは何だか納得できますね。

数検でるでるテーマ55　作図❶：垂線・垂直二等分線をひく

数検でるでるポイント55　垂線・垂直二等分線をひく　Point

(1)「作図」とは**コンパス**と**ものさし**のみを使って図をかくことである。

(2) **垂線をひく**

点Oを通る直線lに垂直な直線l'をひく。

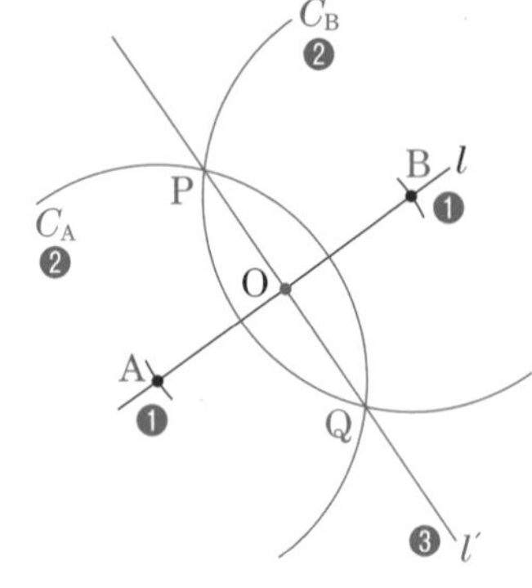

手順1　点Oを中心とする円をかき，この円と直線lとの2つの交点をそれぞれA，Bとする。

手順2　点A，Bをそれぞれ中心とする等しい半径の円C_A，C_Bをかく。

手順3　2つの円C_A，C_Bの2つの交点P，Qを結ぶ直線l'をひく。

(3) **垂直二等分線をひく**

(2)において点Oは線分ABの中点となっている。したがって，直線l'は線分ABの垂直二等分線である。

数検でるでる問題

1　次の問いに答えなさい。　★★

右の図において，線分ABの垂直二等分線を作図しなさい。ただし，作図に用いた線は消さないで残しておき，線をひいた手順ごとに①，②，③，…の番号をかきなさい。

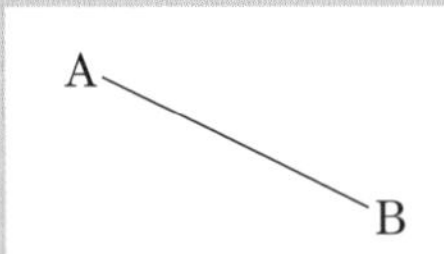

2　次の問いに答えなさい。　★★

右の図において，△ABCの頂点Bから辺CAにひいた垂線を作図しなさい。ただし，作図に用いた線は消さないで残しておき，線をひいた手順ごとに①，②，③，…の番号をかきなさい。

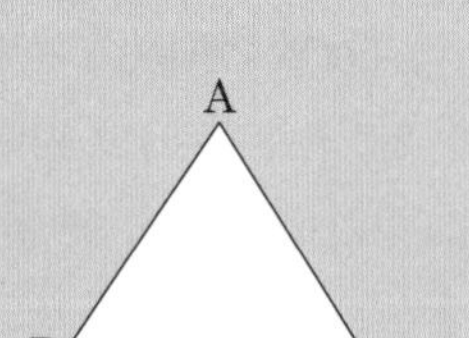

1 点A, Bをそれぞれ中心とする等しい半径の円をかいて（手順2）, 2つの円の2つの交点を結ぶ直線をひく。（手順3）

2 点Bを中心とし，辺CAと2点で交わる円をかこう。

解答例

1 点A, Bをそれぞれ中心とする等しい半径の円をかく。……①

2つの円の2つの交点を通る直線をひく。……②

②でかいた直線が線分ABの垂直二等分線となる。

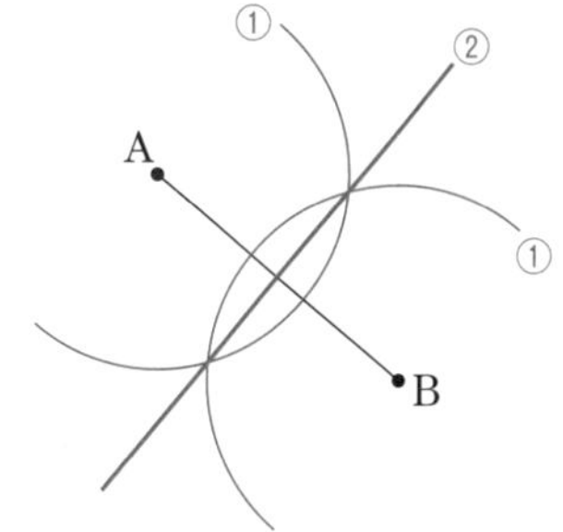

2 点Bを中心とする円で辺CAと2点で交わる円をかく。……①

2つの交点それぞれを中心とする等しい半径の円をかく。……②

2つの円の2つの交点を通る直線をひく。……③

③でかいた直線のうち三角形ABCの内部にある部分が求める垂線となる。

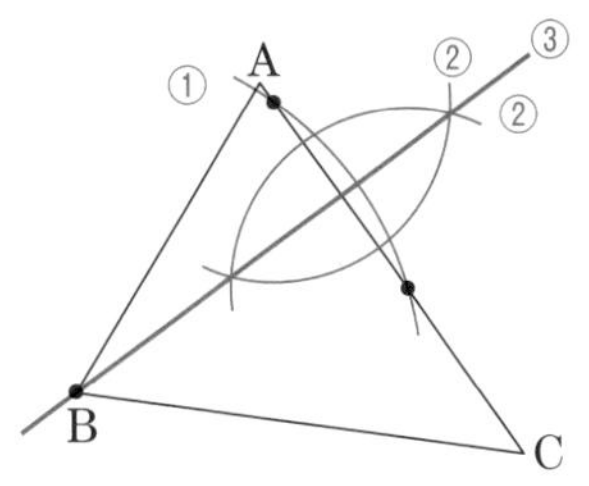

+α ポイント　「作図」で勉強すべきこと

1 の問題は 数検でるでるポイント55 に説明されていた通り行なえば解答を得られます。しかし，**2** は基本的な流れ（数検でるでるポイント55 の内容）を使うのはもちろんですが,「Bを中心とする円で辺CAと2点で交わる円をかく」作業を行なってからでないと解答を得ることができません。

基本的な流れを理解することはもちろんですが，それ以外の作業も理解しなければいけません。

数検でるでるテーマ56 作図②：円の接線をひく

数検でるでるポイント56 円の接線をひく Point

円O上の点Aを接点とする接線を作図する。

手順① 円の中心Oと接点Aを結ぶ直線lをひく。

手順② 点Aを中心とする円O′をかく。

手順③ 直線lと円O′の2つの交点をB，Cとして線分BCの垂直二等分線l'をひく。

← 数検でるでるテーマ 55 垂線・垂直二等分線をひく

l'が円O上の点Aにおける接線である。

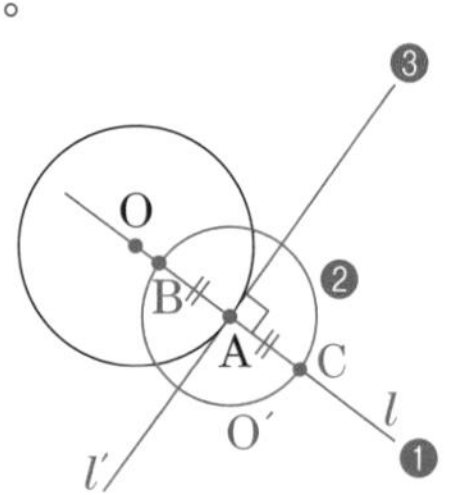

数検でるでる問題

1 次の問いに答えなさい。 ★★

右の図のように，円Oがあります。円O上の点Aが接点となるように，この円の接線を作図しなさい。ただし，作図に用いた線は消さないで残しておき，線をひいた手順ごとに①，②，③，…の番号をかきなさい。

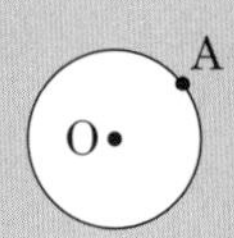

2 次の問いに答えなさい。 ★★★

右の図のように，円Oがあります。円O上にない点Aから円Oにひいた接線を作図しなさい。ただし，作図に用いた線は消さないで残しておき，線をひいた手順ごとに①，②，③，…の番号をかきなさい。

考え方

1 円の中心Oと接点Aを結ぶ直線lをひく（手順①）こと，点Aを中心とする円をかく（手順②）ことをまず行なう。そして，直線lと円との2つの交点をB，Cとして，線分BCの垂直二等分線l'をひく（手順③）と，直線l'が求める接線である。

2 O，Aを結ぶ直線をひくことからはじめる。

解答例

1 円の中心 O と接点 A を結ぶ直線 l をひく。……①

点 A を中心とする円をかき，l との 2 つの交点を B，C とする。……②

2 つの点 B，C をそれぞれ中心とする等しい半径の円をかき，2 つの円の交点を P，Q とする。……③

2 つの点 P，Q を結ぶ直線 l' をひく。……④

直線 l' が点 A における円の接線である。

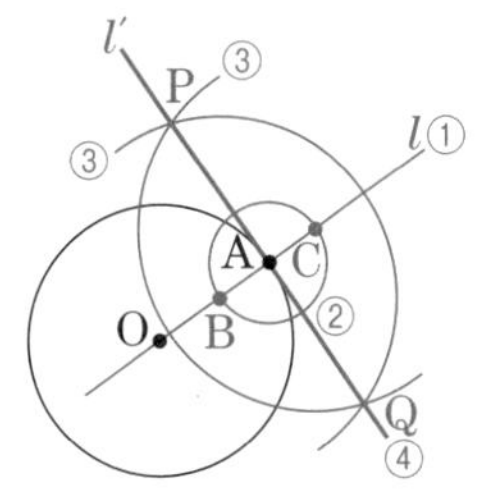

2 O と A を結ぶ直線 l をひく。……①

2 つの点 O，A をそれぞれ中心とする等しい半径の円をかき，2 つの円の交点を P，Q とする。……②

2 つの交点 P，Q を結ぶ直線 l' をひき，l と l' の交点を M とする。……③

点 M を中心とする円で，点 O を通る円をかき，この円と円 O の 2 つの交点を B，C とする。……④

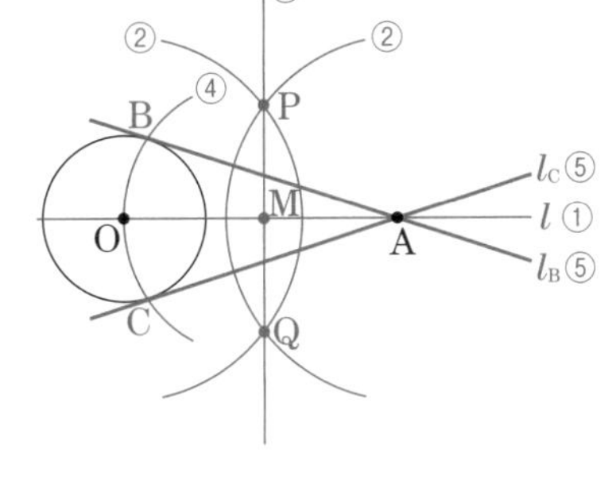

点 A と点 B を結ぶ直線 l_B，点 A と点 C を結ぶ直線 l_C をひく。……⑤

2 つの直線 l_B，l_C が求める接線である。

+α ポイント **2の解説**

2はただ解答だけを読んでもその解答になった理由がわからなければ定着にはいたりません。以下に理由を示します。

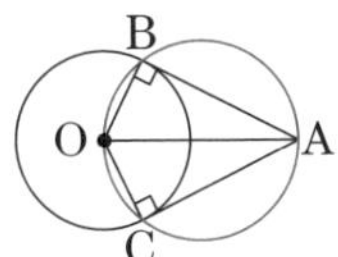

4 つの点 A，B，O，C は OA を直径とする円上の点である

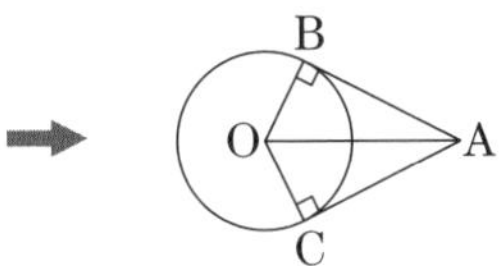

四角形 ABOC は∠B ＝∠C ＝ 90°である

つまり，直径が OA である円をかけばよいわけです。そこで OA の中点 M をつくり，点 M を中心とする円をかいて，円 O との交点 B，C を探し出したんですね。

作図はコンパスとものさしの使い方だけでなく，図形の性質も勉強しなければできないということですね。

数検でるでるテーマ57　作図③：角の二等分線をひく

数検でるでるポイント57　角の二等分線をひく　Point

角の二等分線をひく

右の図のように，∠ABC の二等分線を作図する。

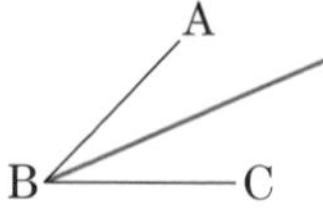

手順1　点 B を中心とする円 C_B をかく。円 C_B と線分 AB, BC との交点をそれぞれ P, Q とする。

手順2　点 P，Q をそれぞれ中心とする等しい半径の円 C_P，C_Q をかく。

手順3　円 C_P，C_Q の交点 R と B を結ぶ直線 l をひく。l が∠ABC の二等分線である。

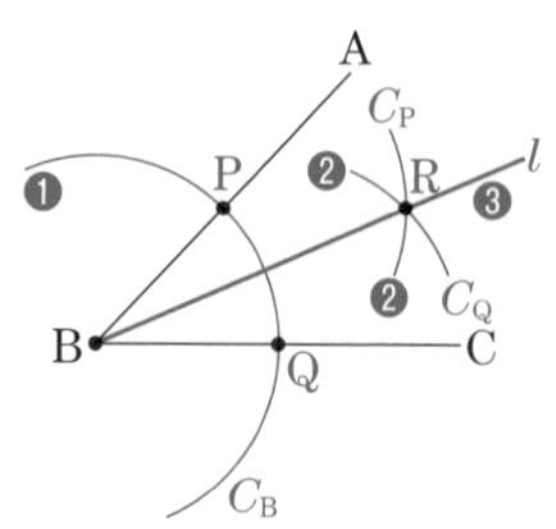

数検でるでる問題

1　次の問いに答えなさい。　★★

右の図のように，△ABC があります。△ABC の∠ABC の二等分線を作図しなさい。ただし，作図に用いた線は消さないで残しておき，線をひいた手順ごとに①，②，③，…の番号をかきなさい。

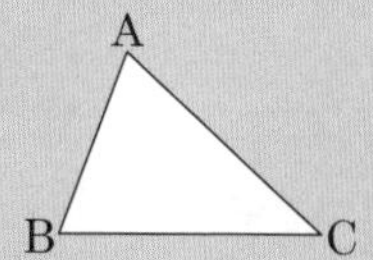

2　次の問いに答えなさい。　★★

右の図のように，おうぎ形 ABC があります。おうぎ形 ABC の $\overset{\frown}{AC}$ 上に点 P をとって，おうぎ形 BPA とおうぎ形 BCP の面積が等しくなるように点 P を作図しなさい。ただし，作図に用いた線は消さないで残しておき，線をひいた手順ごとに①，②，③，…の番号をかきなさい。

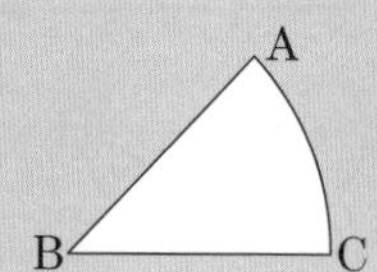

考え方

1 点Bを中心とする円をかき，辺AB，BCとの交点をとる。（手順1）
　2つの交点をそれぞれ中心とする等しい半径の円をかき（手順2），2つの円の交点を求めればよい。

2 おうぎ形BPAとおうぎ形BCPの面積が等しいということは，おうぎ形BPAとおうぎ形BCPの中心角が等しいということである。

解答例

1 点Bを中心とする円C_Bをかき，辺AB，BCとの交点をそれぞれP，Qとする。……①
　点P，Qをそれぞれ中心とする等しい半径の円C_P，C_Qをかく。……②
　円C_P，C_Qの交点をRとして，RとBを結ぶ直線lをひく。……③
　直線lが∠ABCの二等分線である。

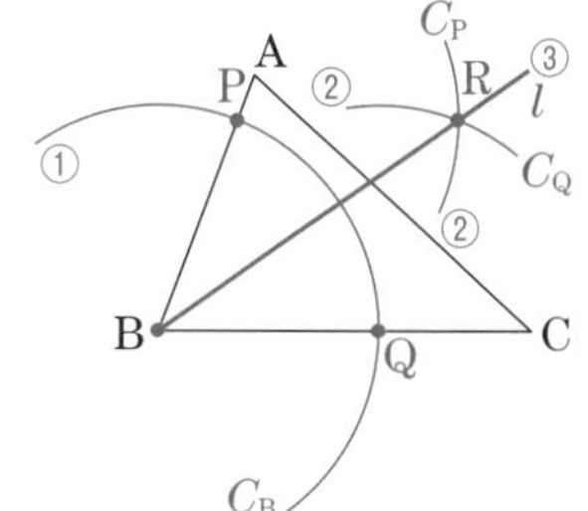

2 中心角∠Bの二等分線を求める。
　点Bを中心とする円C_Bをかき，辺AB，BCとの交点をそれぞれQ，Rとする。……①
　点Q，Rをそれぞれ中心とする等しい半径の円C_Q，C_Rをかく。……②
　円C_Q，C_Rの交点をSとして，SとBを結ぶ直線lをひく。……③
　直線lと弧ACとの交点がPである。

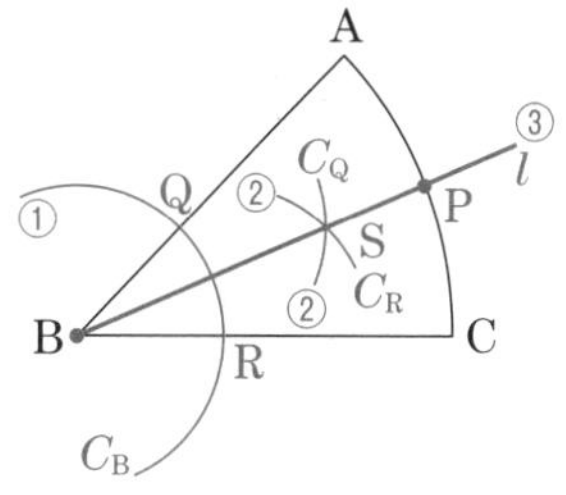

+α ポイント　**1**と**2**は同じ流れ

1，**2**の問題文は明らかに違いますが，解く手順はまったく同じであることに気づくようにしましょう。

数検でるでるテーマ58 樹形図をかく

数検でるでるポイント58 樹 形 図 Point

場合の数は**樹形図**をかいて考えると正確に答えが求められる。

下の例をみてみよう。

例 1, 2, 3の数字を1回ずつ使って3けたの整数をつくるとき，起こりうる場合の数を求めなさい。

数検でるでる問題

1 次の問いに答えなさい。 ★

1枚の硬貨を3回投げるとき，起こりうる場合の数を樹形図をかいて求めなさい。

2 次の問いに答えなさい。 ★★

1, 2, 3, 4の数字がかかれた4枚のカードのうち3枚を使って3けたの整数をつくるとき，起こりうる場合の数を樹形図をかいて求めなさい。

考え方

1 硬貨を1回投げると，表か裏のどちらかが出る。表と裏の文字を使って樹形図をかいてみよう。

2 1, 2, 3, 4の数字を使って樹形図をかくが，3つの数字しか使ってはいけないことに注意しよう。

1 樹形図をかいてみる。1回め，2回め，3回めの順にかく。

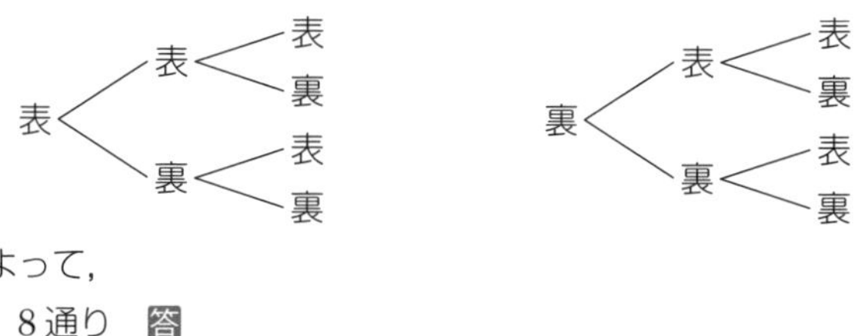

よって，

8通り 答

2 樹形図をかいてみる。百の位，十の位，一の位の順にかく。

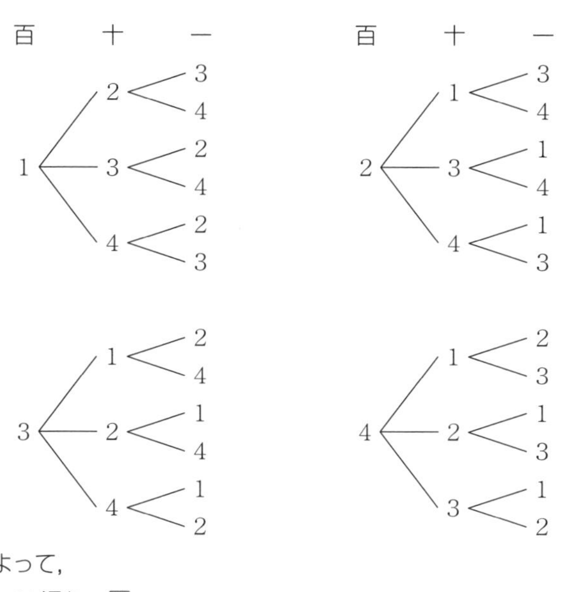

よって，

24通り 答

+α ポイント　樹形図をかくのか，実際にかき出すのか？

樹形図をかかず，実際にかき出してみるのも有効な場合があります。さまざまなパターンの問題でどちらの方法も試してみて，どちらの方法でも対応できるようにしましょう。

大切なことは，見落としたり，重複したりしないで，正確にかき出すことです。

数検でるでるテーマ59　確率を求める

数検でるでるポイント59　確　率　Point

ことがらAの起こる**確率**pは，

$$p=\frac{(\text{ことがら}A\text{の起こる場合の数})}{(\text{起こりうるすべての場合の数})}$$

で表される。

分母，分子のそれぞれの場合の数を求めることが目標となる。

数検でるでるテーマ 58 **樹形図をかく** で学んだことを使ってみよう。

数検でるでる問題

1　次の問いに答えなさい。　★★

A，B，Cの3人が横一列に並びます。このとき，真ん中にAがくる確率を求めなさい。

2　次の問いに答えなさい。　★★

1, 2, 3, 4の数字がかかれた4枚のカードから，同時に2枚を選びます。このとき，奇数，偶数を1枚ずつ選ぶ確率を求めなさい。

考え方

1　起こりうるすべての場合を樹形図をかいて表してみよう。

2　起こりうるすべての場合を樹形図をかいて表してみよう。
ただし，1，2，3，4の4枚のカードから2枚しか選ばないことに注意しよう。

解答例

1 樹形図をかいてみる。左から並んだ順にかく。

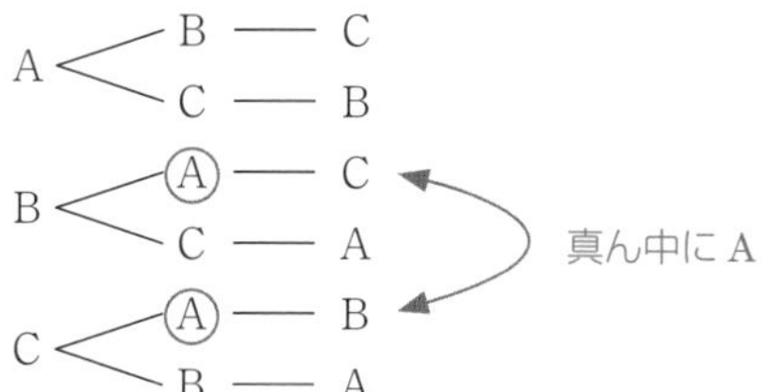

したがって，起こりうるすべての場合の数は，6 通り。
そのうち，真ん中に A がくる場合の数は，2 通り。
よって，求める確率は，

$$\frac{2}{6}=\frac{1}{3}$$ 答

2 樹形図をかいてみる。

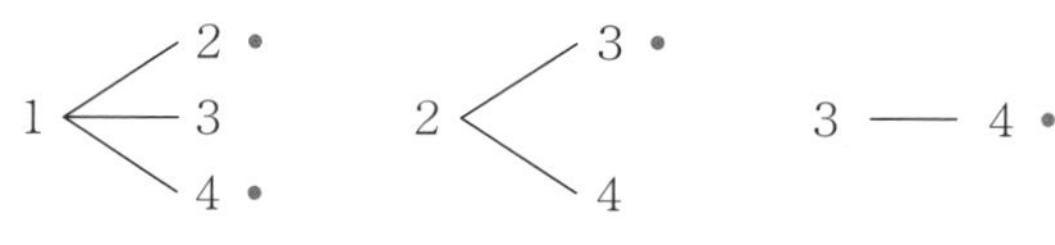

「選ぶ」と問題文中にあるので，順番は考えない
1 − 2 と 2 − 1 は同じ場合であることに注意する

したがって，起こりうるすべての場合の数は，6 通り。
そのうち，奇数，偶数を 1 枚ずつ選ぶときの場合の数は，4 通り。（ • 印）
よって，求める確率は，

$$\frac{4}{6}=\frac{2}{3}$$ 答

+α ポイント　確率は場合の数で求められる

確率は苦手な人が多い分野の一つです。その原因に場合の数が正しく求められていないことがあります。まずは場合の数が正しく求められるように練習しましょう。

数検でるでるテーマ60 サイコロの問題

数検でるでるポイント60 サイコロの問題 Point

数検でるでるテーマ 59 **確率を求める** では，樹形図をかいて確率を求めた。**サイコロの問題**では，**表**(**図**)をかくと樹形図をかくよりも簡単に解答を求められることがある。

「2つのサイコロを振ったとする」という問題では下の表をかいて考える。

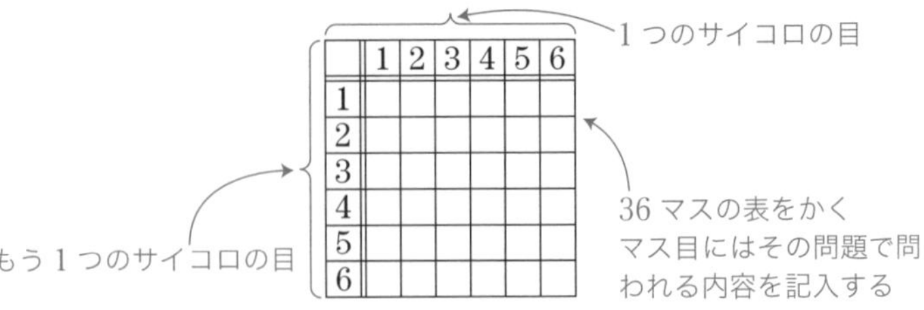

	1	2	3	4	5	6
1						
2						
3						
4						
5						
6						

数検でるでる問題

1 次の問いに答えなさい。 ★★

大小2個のサイコロを同時に振るとき，2個ともに偶数の目が出る確率を求めなさい。ただし，サイコロの目は1から6まであり，どの目が出ることも同様に確からしいものとします。

2 次の問いに答えなさい。 ★★

大小2個のサイコロを同時に振るとき，出る目の和が6となる確率を求めなさい。ただし，サイコロの目は1から6まであり，どの目が出ることも同様に確からしいものとします。

考え方

1 36マスの表をかく。マス目には2個ともに偶数となるときは○，そうでないときは×をかこう。

2 36マスの表をかく。マス目には2個のサイコロの目の和をかこう。

解答例

1 表をかいて考える。2個ともに偶数の目となるときを調べる。

小＼大	1	2	3	4	5	6
1	×	×	×	×	×	×
2	×	○	×	○	×	○
3	×	×	×	×	×	×
4	×	○	×	○	×	○
5	×	×	×	×	×	×
6	×	○	×	○	×	○

2個ともに偶数の目となる場合の数は，9通り（○印）

よって，求める確率は，

$\frac{9}{36}=\frac{1}{4}$ 答

2 表をかいて考える。和が6となるときを調べる。

小＼大	1	2	3	4	5	6
1	2	3	4	5	⑥	7
2	3	4	5	⑥	7	8
3	4	5	⑥	7	8	9
4	5	⑥	7	8	9	10
5	⑥	7	8	9	10	11
6	7	8	9	10	11	12

2個のサイコロの目の和が6となる場合の数は，5通り（○印）

よって，求める確率は，

$\frac{5}{36}$ 答

+α ポイント　場合の数を求めるために

数検でるでるテーマ 59 **確率を求める** で学んだように，確率を求めるためには，場合の数を求めることが重要です。では場合の数を求めるために何を使うのかというと，それは樹形図だったり，今回学んだ表だったりするわけです。問題に応じてさまざまな方法が使えるようにしておきましょう。

数検でるでるテーマ61　累積度数，相対度数

数検でるでるポイント61　累積度数，相対度数　Point

(1)　**度数**…度数分布表において，データをいくつかの区間(階級)に分けたときの，それぞれの階級ごとのデータの個数

(2)　**階級の幅**…データをいくつかの区間に分けたときの区間の幅

(3)　**累積度数**…最小の階級からある階級までの度数を加えたもの

(4)　**相対度数**…各階級の度数の全体に対する割合 $\left(\dfrac{\text{その階級の度数}}{\text{度数の合計}}\right)$

(5)　**累積相対度数**…累積度数の全体に対する割合 $\left(\dfrac{\text{累積度数}}{\text{度数の合計}}\right)$

例　生徒 10 人の小テストの点数

階級(点)	度数(人)	累積度数	相対度数	累積相対度数
0 以上 2 未満	0	0	0	0
2 以上 4 未満	2	2	0.2	0.2
4 以上 6 未満	5	7	0.5	0.7
6 以上 8 未満	2	9	0.2	0.9
8 以上 10 未満	1	10	0.1	1
計	10		1	

数検でるでる問題

1　次の問いに答えなさい。★

20 人の生徒に自宅から学校までの通学時間の調査をしたところ右のようになりました。空欄を埋めて度数分布表を完成させなさい。

階級(分)	度数(人)	累積度数
0 以上 30 未満	12	
30 以上 60 未満		
60 以上 90 未満	4	
計	20	

2　次の問いに答えなさい。★★

10 人の生徒に数学のテストを実施したところ以下のようになりました(単位は点)。

66　35　21　62　78　39
51　83　89　63

この結果から右上の度数分布表を完成させなさい。

階級(点)	度数(人)	累積度数	相対度数
0 以上 20 未満			
20 以上 40 未満			
40 以上 60 未満			
60 以上 80 未満			
80 以上 100 未満			
計			

考え方

1 まず，与えられた度数から空欄となっている度数を求めよう。

2 与えられたデータを小さい順に並べて，それぞれの階級の度数を調べてから度数分布表を完成させよう。

解答例

1 階級 30 以上 60 未満の度数は

$20-(12+4)=4$

よって，度数分布表は右のようになる。

階級(分)	度数(人)	累積度数	
0 以上 30 未満	12	12	
30 以上 60 未満	4	16	⬅ 12 + 4
60 以上 90 未満	4	20	⬅ 12 + 4 + 4
計	20		

答

2 10 人の生徒のテストの点数を小さい順に並べる。

21 35 39 (3人)　51 (1人)　62 63 66 78 (4人)　83 89 (2人)

相対度数については，それぞれ

階級 20 以上 40 未満は　$3\div10=0.3$

階級 40 以上 60 未満は　$1\div10=0.1$

階級 60 以上 80 未満は　$4\div10=0.4$

階級 80 以上 100 未満は　$2\div10=0.2$

である。

よって，度数分布表は右のようになる。

階級(点)	度数(人)	累積度数	相対度数
0 以上 20 未満	0	0	0
20 以上 40 未満	3	3	0.3
40 以上 60 未満	1	4	0.1
60 以上 80 未満	4	8	0.4
80 以上 100 未満	2	10	0.2
計	10		1

答

+α ポイント　表を用いてデータをとらえる

与えられたデータから度数分布表を作成する理由を考えてみましょう。問題などで扱ったデータの個数(度数)の合計は 10 や 20 でしたね。実際にあることがらに関してデータを収集するとその合計はもっと大きい値になることが普通です。その一つひとつのデータを確認していくにはたくさんの時間を必要とします。そのため，表などを用いて，おおまかにデータの全体を把握することで，そのデータから情報を得ることができます。

数検でるでるテーマ62 平 均 値

数検でるでるポイント62 平 均 値 Point

(1) 平均値は $\dfrac{(\text{与えられたデータの総和})}{(\text{データの個数})}$ で求められる。

(2) 度数分布表・ヒストグラムから平均値を求める。

例 生徒 10 人の小テストの点数

階級(点)	度数(人)
0 以上 2 未満	0
2 以上 4 未満	2
4 以上 6 未満	5
6 以上 8 未満	2
8 以上 10 未満	1
10	0
計	10

具体的なデータが与えられていないので，**階級値(各階級の真ん中の値)**を使って求める。

$(1\times0+3\times2+5\times5+7\times2+9\times1+10\times0)\div10$

$=\dfrac{54}{10}=5.4$

数検でるでる問題

1 次の問いに答えなさい。 ★

英語・数学・国語・理科・社会の 5 教科のテストの点数はそれぞれ以下のようになりました。

84 点　77 点　65 点　93 点　71 点

この結果から，5 教科の点数の平均値を求めなさい。

2 次の問いに答えなさい。 ★★

クラスの生徒のある 1 日の睡眠時間を調査したところ，右のような度数分布表が得られました。

この結果から，この日の生徒全員の睡眠時間の平均値を求めなさい。

階級(時間)	度数(人)
4 以上 6 未満	3
6 以上 8 未満	10
8 以上 10 未満	13
10 以上 12 未満	4

考え方

1 （与えられたデータの総和）を（データの個数）でわり算した値を求めよう。

2 まず，階級値（各階級の真ん中の値）を求めよう。

解答例

1 5 教科の点数の総和は，

$$84+77+65+93+71=390\ (\text{点})$$

↑与えられたデータの総和

したがって，

$$\frac{390}{5}=78$$

よって，5 教科の平均値は，

78 点 答

2 階級値を求める。

階級が，

4 以上 6 未満だと階級値は 5，6 以上 8 未満だと階級値は 7，

8 以上 10 未満だと階級値は 9，10 以上 12 未満だと階級値は 11

である。よって，睡眠時間の平均値は，

$$\frac{5\times3+7\times10+9\times13+11\times4}{3+10+13+4}$$

$$=\frac{246}{30}$$

$$=8.2$$

よって，

8.2 時間 答

+α ポイント 平均値を求める理由

たくさんのデータを一つひとつ見なくても，平均値を求めることで，たくさんのデータがどの値に近いのかを把握することができます。

数検でるでるテーマ63 最頻値・中央値

数検でるでるポイント63 最頻値・中央値 Point

(1) **最頻値**(モード) ……データにおいて，最も多く現れる値。

中央値(メジアン) ……データを大きさの順に並べたときに，中央に位置する値。

(2) **中央値**を求めるときの注意点

データの個数が奇数個のときと偶数個のときで求め方が変わる。

例 ❶ データが奇数個のとき

小さい順に並べて

1　1　2　③　3　4　5

となるならば，（真ん中のデータ）

中央値は 3

❷ データが偶数個のとき

小さい順に並べて

1　2　2　③　④　4　5　5

となるならば，（平均値）

中央値は $\frac{3+4}{2}=3.5$

数検でるでる問題

1 次の問いに答えなさい。 ★

10 点満点の数学の計算テストを実施したところ，クラスの生徒 20 人の結果は以下のようになりました。

出席番号	1	2	3	4	5	6	7	8	9	10	11	12	13	14	15	16	17	18	19	20
点	6	6	5	4	3	5	3	3	5	3	9	7	10	4	6	2	6	6	2	1

この結果から，この計算テストの点数の最頻値と中央値を求めなさい。

2 次の問いに答えなさい。 ★★

クラスの生徒 35 人のあるスポーツの過去の観戦数を調査したところ，右のような表が得られました。

この結果から，このスポーツの観戦数の最頻値と中央値を求めなさい。

回数	人数
0	11
1	9
2	13
3	1
4	1
計	35

考え方

1 データを小さい順に並べるか，表をかいてみて考えよう。

2 最頻値はすぐに求められる。中央値はクラスの生徒の人数が35人(奇数人数)であることに注意しよう。

解答例

1 点数を小さい順に並べてみる。

1　2　2　3　3　3　3　4　4　⑤
⑤　5　6　6　6　6　6　7　9　10

10番めと11番めが中央値を求めるときに必要

よって，
最頻値は6点　答

中央値は $\frac{5+5}{2}=5$（点）　答

表にかいてみると

点数	人数
1	1
2	2
3	4
4	2
5	3
6	5
7	1
8	0
9	1
10	1
計	20

2 与えられた表より，
最頻値は2回　答
大きさの順に並べたとき，18番めにくるデータが中央値で，その値は
1回　答

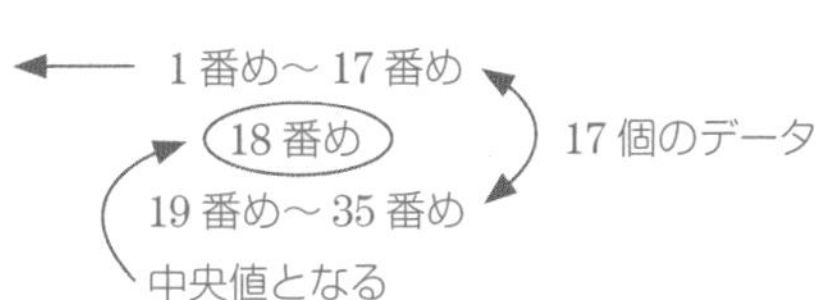

+α ポイント　**代表値(平均値，最頻値，中央値)について**

数検でるでるテーマ62 **平均値** 数検でるでるテーマ63 **最頻値・中央値**で学んだ3つの代表値(平均値・最頻値・中央値)は，データを大まかにとらえるための代表的な値です。

これらの値をもとにたくさんのデータを分析して，そのデータがどういうものなのかを把握します。

数検でるでるテーマ64 四分位数

数検でるでるポイント64 四分位数 Point

(1) **四分位数**

データを小さい順に並べたとき，全体を4等分する位置にある3つの値を小さい値から順に**第1四分位数**，**第2四分位数**（中央値），**第3四分位数**という。

例 ❶データが奇数個のとき　❷データが偶数個のとき

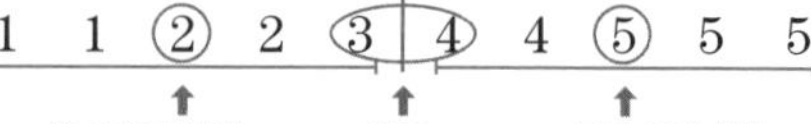

第1四分位数（前半データの真ん中の数）　第2四分位数（中央値）　第3四分位数（後半データの真ん中の数）

第1四分位数（前半データの真ん中の数）　第2四分位数（中央値）3.5　第3四分位数（後半データの真ん中の数）

(2) 四分位範囲…第3四分位数と第1四分位数の差。

数検でるでる問題

1 次の問いに答えなさい。 ★★

10点満点の国語の漢字テストを実施したところ，クラスの生徒10人の結果は以下のようになりました。

出席番号	1	2	3	4	5	6	7	8	9	10
点	5	4	9	7	1	3	5	4	6	2

このとき，第1四分位数，第2四分位数，第3四分位数はそれぞれ何点ですか。

2 次の問いに答えなさい。 ★★

クラスの生徒30人の海外旅行の回数を調査したところ，右のような表が得られました。

このとき，四分位範囲は何回ですか。

回数	人数
0	18
1	7
2	3
3	2
計	30

1 データを小さい順に並べてから，第２四分位数（中央値）を求めよう。

2 第２四分位数（中央値）を求めてから，第１四分位数，第３四分位数と順に求めていこう。

1 点数を小さい順に並べてみる。

1　2　3　4　4　5　5　6　7　9

よって，

1　2　③　4　(4 | 5)　5　⑥　7　9

第２四分位数（中央値）は，$\dfrac{4+5}{2}=$ 4.5（点） 答

↑ 5 番めと 6 番めの値の平均値

第１四分位数は　3（点）　答　← 3 番めの値

第３四分位数は　6（点）　答　← 8 番めの値

2 与えられた表より，第２四分位数（中央値）は，0 回。← 15 番めと 16 番めの値の平均値

さらに，第１四分位数は 0 回，第３四分位数は 1 回である。

↑ 8 番めの値　↑ 23 番めの値

よって，四分位範囲は，

$1-0=$ 1（回）　答

+α ポイント　**データを4つのグループに分割**

例えば，データを小さい順に並べたとき，

1　1　2　2　3　4　4　5　5　5

となっているデータであると，第１四分位数，第２四分位数，第３四分位数はそれぞれ，2，3.5，5 でしたね。この 3 つの値を上のデータに反映してみると，

1　1　②　2　3 | 4　4　⑤　5　5

（② ↑第１，| ↑第２，⑤ ↑第３）

となり，四分位数を区切りとして 4 つのグループに分割されていることが分かります。

数検でるでるテーマ65 箱ひげ図

数検でるでるポイント65 箱ひげ図 Point

(1) 箱ひげ図

あるデータにおける最小値，第1四分位数，第2四分位数(中央値)，第3四分位数，最大値の5つの値を，線分と長方形を使って表した図

(2) 範囲…最大値と最小値の差

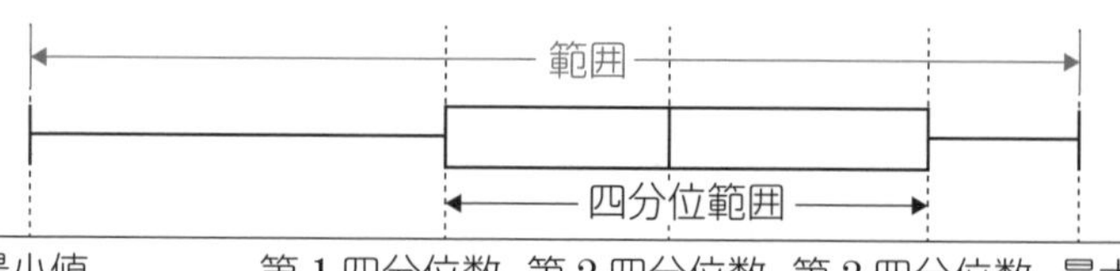

数検でるでる問題

1 次の問いに答えなさい。★

右の箱ひげ図は，まほさんの入っている音楽部の生徒の，日曜日における自宅での楽器の練習時間をまとめたものです。範囲，四分位範囲はそれぞれ何分ですか。

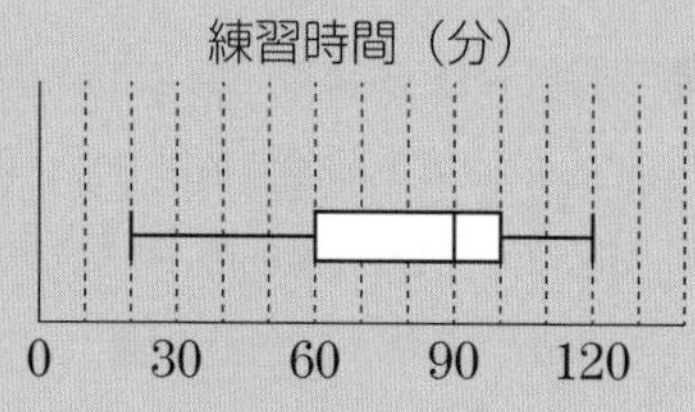

2 次の問いに答えなさい。★★

クラスの生徒30人のある1週間における読んだ本の冊数を調査したところ，右のような表が得られました。この結果を箱ひげ図で表しなさい。

冊数	人数
0	7
1	8
2	10
3	5
計	30

1 最小値，第１四分位数，第２四分位数，第３四分位数，最大値の５つの値を調べることから始めよう。

2 最小値，第１四分位数，第２四分位数，第３四分位数，最大値の５つの値を調べることから始めよう。この値をそれぞれ図の中に示して箱ひげ図をかこう。

解答例

1 箱ひげ図より，

最小値は20分，第1四分位数は60分，第2四分位数は90分，第3四分位数は100分，最大値は120分。

よって，

範囲は，120 − 20 = 100（分） 答

四分位範囲は，100 − 60 = 40（分） 答

2 与えられた表より，

最小値は０冊，第１四分位数は１冊，第２四分位数は1.5冊，第３四分位数は２冊，最大値は３冊。

↑ 8番めの値　↑ 15番めと16番めの値の平均値　↑ 23番めの値

よって，箱ひげ図は，

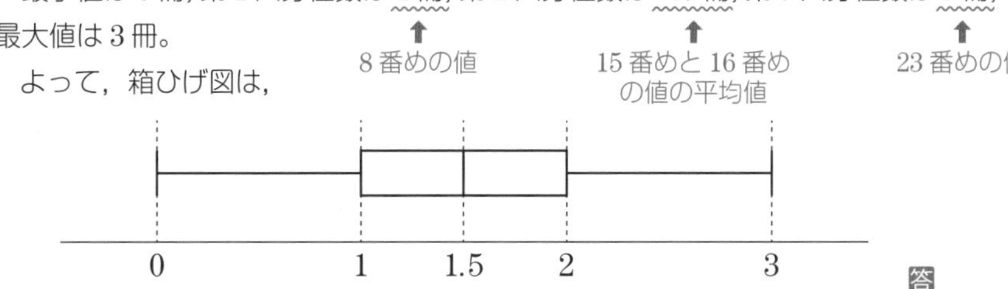

答

+α ポイント　割合を表している

箱ひげ図は５つの値を調べてから作りましたよね。このとき，箱の大きさやひげの長さの違いがデータの個数(度数)や全体に対する割合に関係するというのは間違いです。あくまでも割合を表しているということを覚えておきましょう。

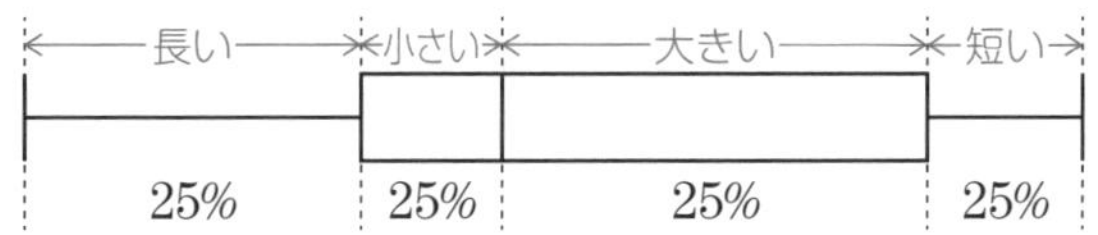

数検でるでるテーマ66　標本調査

数検でるでるポイント66　標本調査　Point

(1)　**標本調査**

集団の全体(**母集団**)のようすを推測するために，集団の一部(**標本**)について調べること。

(2)　**全数調査**

集団の全体(**母集団**)について調べること。

(3)　(標本内での数の割合)≒(母集団内での数の割合)

数検でるでる問題

1　次の問いに答えなさい。　★★

ある中学校で，好きな教科のアンケート調査を行ないました。全校生徒500人のうち，100人を無作為に抽出して調査を行なったところ，22人が数学を好きな教科としていました。実際に全校生徒のうち何人が数学を好きな教科とするか推測しなさい。

2　次の問いに答えなさい。　★★

袋の中に赤球と白球があわせて50個入っている。これをよくかき混ぜて10個取り出したところ，そのなかの3個が赤球であった。実際に赤球は全部で何個あるか推測しなさい。

考え方

1　標本である100人のうち22人が数学を好きな教科としていた。この割合を母集団である500人に対して適用する。

2　標本である10個の球のうち3個が赤球だった。この割合を母集団である50個に対して適用する。

解答例

1 標本内での割合を考える。

数学を好きな教科とした生徒の割合は,

$$\frac{22}{100} = \frac{11}{50}$$

である。これを母集団内での割合として扱う。

よって,数学を好きな教科とする生徒は全校生徒 500 人のうち,

$$500 \times \frac{11}{50} = \underline{110\text{(人)}}$$ 答

と推測できる。

2 標本内での割合を考える。

10 個の球のうち赤球は 3 個であったから,その割合は,

$$\frac{3}{10}$$

である。これを母集団内での割合として扱う。

よって,袋の中の 50 個の球のうち赤球の個数は,

$$50 \times \frac{3}{10} = \underline{15\text{(個)}}$$ 答

と推測できる。

+α ポイント　標本調査を行なうのはなぜ?

集合の全体について調べるためには,かなりの数について調べる必要があり,調べるためにばく大な時間がかかり能率的ではありません。そこで標本について調べ,それが母集団にも適用できると考えればおよその推測ができ,そこから次の手段を考えることができます。

第2部

実践編

1 次：計算技能検定

1

次の計算をしなさい。

(1) $-1+4-(-2)$

(2) $8-8\div(-2)$

(3) $4^2+(-2)^3$

(4) $-\dfrac{10}{3}\times 0.6^2+\dfrac{3}{5}$

(5) $\sqrt{48}+\sqrt{3}-\sqrt{27}$

(6) $\sqrt{5}(2\sqrt{5}-3)+\dfrac{10}{\sqrt{5}}$

(7) $2(2x-1)+3(-x+1)$

(8) $1.2(3x-1)-0.5(2x+1)$

(9) $-2(2x+3y)+3(2x-y)$

(10) $\dfrac{2x-y}{3}-\dfrac{x+y}{2}$

(11) $40x^2y^3\div(-8x^2y)$

(12) $\left(\dfrac{3}{2}x^2y\right)^2\times(-4x^2y)\div x^4y^2$

2 次の式を展開して計算しなさい。

(13) $(2x + y)(4x - 3y)$

(14) $(x - 1)(x + 1) - (x - 2)^2$

3 次の式を因数分解しなさい。

(15) $x^2 + 10x - 24$

(16) $x^2 - (x - y)^2$

4 次の方程式を解きなさい。

⒄ $3x + 2 = x - 4$

⒅ $\dfrac{2x - 1}{3} = \dfrac{3x - 4}{2}$

⒆ $16x^2 - 7 = 0$

⒇ $x^2 - 3x + 1 = 0$

5 次の連立方程式を解きなさい。

(21) $\begin{cases} 3x + 2y = -4 \\ 2x - y = -5 \end{cases}$

(22) $\begin{cases} 0.5x - 1.2y = -0.2 \\ \dfrac{3}{4}x + \dfrac{1}{3}y = \dfrac{11}{6} \end{cases}$

6 次の問いに答えなさい。

(23) $x = \frac{3}{2}$ のとき，$-4x + 5$ の値を求めなさい。

(24) 大小２枚の硬貨を同時に投げるとき，２枚とも裏が出る確率を求めなさい。ただし，硬貨の表と裏の出方は，同様に確からしいものとします。

(25) 等式 $4x - 2y + 3 = 0$ を y について解きなさい。

(26) y は x に比例し，$x = -2$ のとき $y = 6$ です。y を x を用いて表しなさい。

(27) 下のデータについて，範囲を求めなさい。

7，4，8，3，3，2，7

(28) 七角形の内角の和は何度ですか。

(29) 右の図で，$l \parallel m$ のとき，$\angle x$ の大きさは何度ですか。

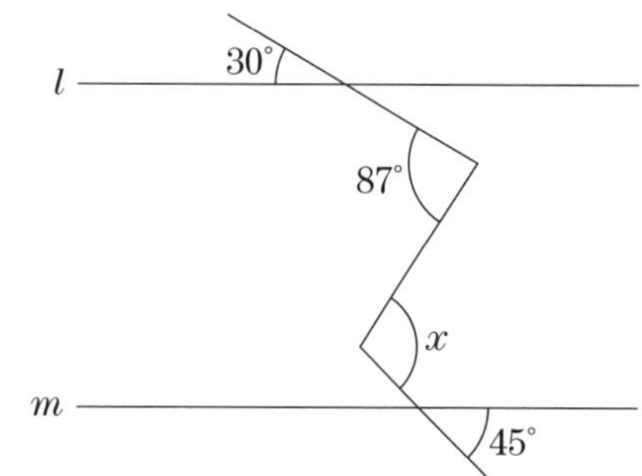

(30) 右の図のように，３点 A，B，C が円 O の周上にあります。$\angle \mathrm{OBC} = 38°$ のとき，$\angle x$ の大きさは何度ですか。

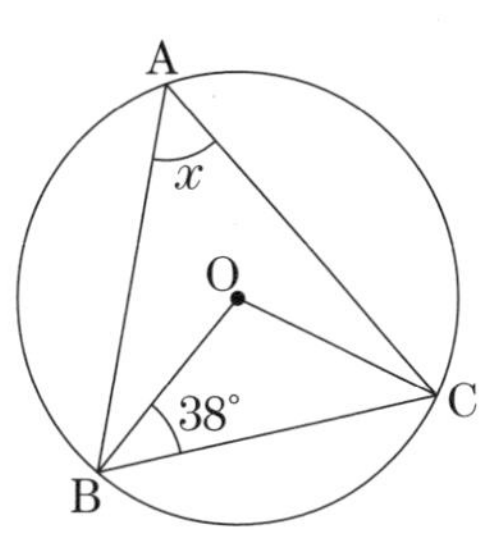

予想問題 第1回 予想問題 第2回

２次：数理技能検定

1　ともきくんの年齢を x 歳，よしたかさんの年齢を y 歳として，次の問いに答えなさい。

(1) よしたかさんの年齢は，ともきくんの年齢に 36 をたした値です。y を x を用いて表しなさい。（表現技能）

(2) よしたかさんの年齢は，ともきくんの年齢の 2 乗から 6 をひいた値です。y を x を用いて表しなさい。（表現技能）

(3) (1)，(2)のとき，ともきくんの年齢を求めなさい。

2　次の問いに単位をつけて答えなさい。ただし，円周率は π とします。（測定技能）

(4) 半径が 4 cm の球の体積は何 cm^3 ですか。

(5) 半径が 3 cm の球の表面積は何 cm^2 ですか。

3 右の図において，次の問いに答えなさい。 （測定技能）

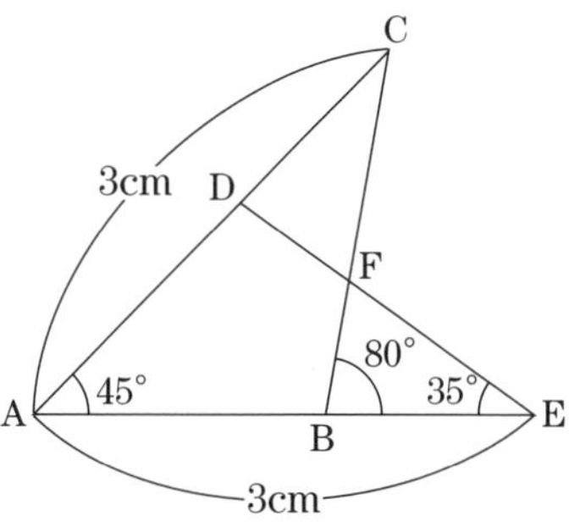

⑹ ∠BCA の大きさを求めなさい。

⑺ 三角形 ABC と三角形 ADE は合同となります。このことを示すには三角形の合同条件の何を用いるのかを答えなさい。

下の箱ひげ図は，ひであきさんのクラスの生徒の，ある 1 週間のテレビの視聴時間の合計を調査しまとめたものです。次の問いに答えなさい。 （統計技能）

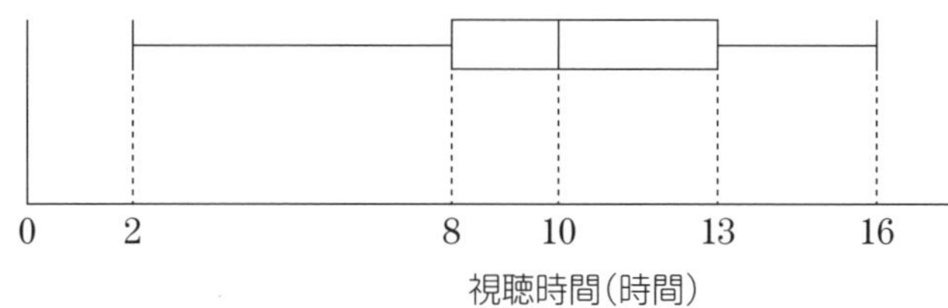

⑻ 四分位範囲を求めなさい。

⑼ 次の①，②，③からこの箱ひげ図について正しく述べているものを 1 つ選び，その番号で答えなさい。

① 平均値は 10 時間である。
② クラスの半数以上が 8 時間以上テレビを視聴している。
③ 視聴時間の合計が 10 時間の生徒が必ずいる。

下の 5 つの数について，次の問いに答えなさい。

$2\sqrt{12}$，6，$\dfrac{3\sqrt{3}}{2}$，$3\sqrt{2}$，$\dfrac{16}{3}$

⑽ 無理数をすべて答えなさい。

⑾ $\sqrt{15}$ より大きく，$\sqrt{41}$ より小さい数をすべて答えなさい。

6 右の図のように，放物線 $y = ax^2$ と直線 l が 2 点 A，B で交わっています。点 A の座標は(4，8)，点 B の x 座標は 1 です。次の問いに答えなさい。

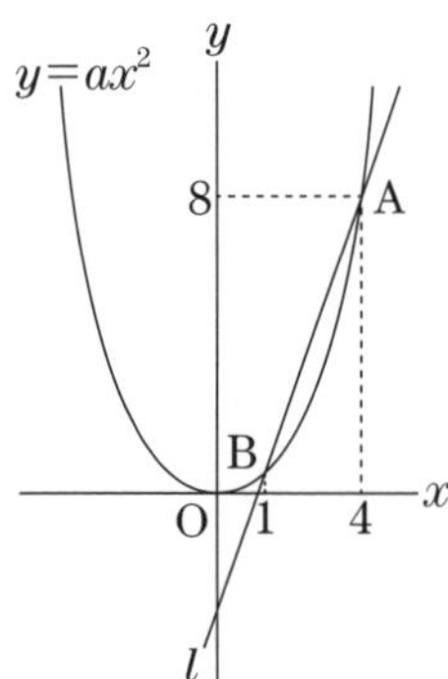

⑿ a の値を求めなさい。

⒀ 点 B の y 座標を求めなさい。

⒁ 直線 l の式を求めなさい。

7

次の問いに単位をつけて答えなさい。　　　　　　　　（測定技能）

(15) 直角三角形ABCは，$\angle C = 90°$，$BC = 5$ cm，$CA = \sqrt{7}$ cm を満たします。ABの長さは何cmですか。

(16) 右の図のような，底面の半径が2 cm，母線の長さが$2\sqrt{5}$ cmの円錐があります。このとき，線分OAの長さは何cmですか。

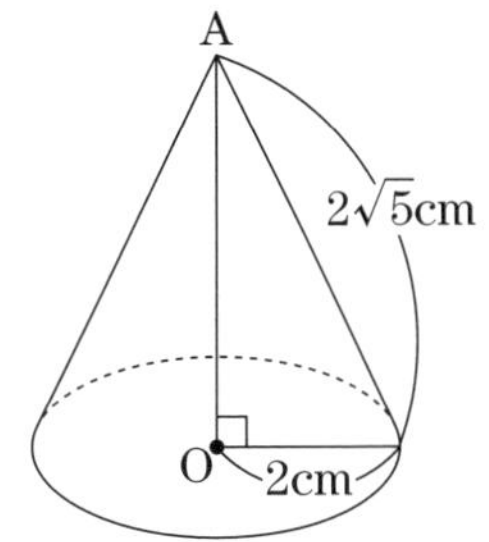

(17) 二等辺三角形ABCは，$AB = AC = 2$ cm，さらに，辺BCの中点Mに対して，$AM = 1$ cm を満たします。辺BCの長さは何cmですか。

予想問題
第1回
予想問題
第2回

右の図の直角三角形ABCは，辺BCの長さが3 cm，辺ACの長さが5 cm，∠BCA = 90°です。点Pは，点Bから出発して辺BC上を点Cまで進むものとし，点Pが点Bからx cm進んだときの三角形ABPの面積をy cm^{2}とします。次の問いに答えなさい。

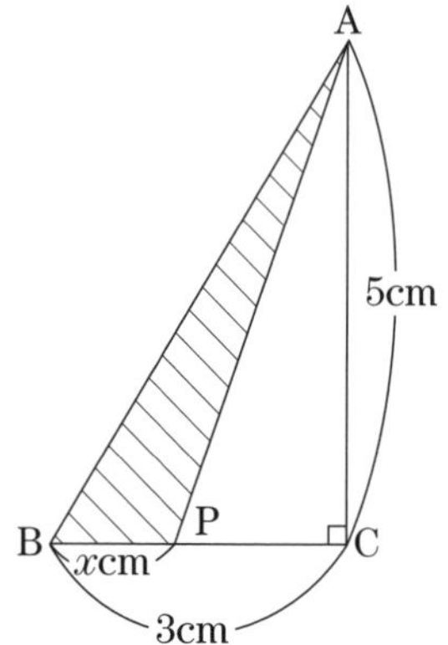

⒅　xとyの関係を式に表しなさい。

⒆　yの変域を求めなさい。

1 g, 2 g, 4 g, 8 g, 16 g, 32 g, 64 g の 7 種類のおもりが 1 つずつあります。ある物体の重さをこれら 7 種類のおもりの組み合わせで表すことにします。これについて，かずひろくんとまゆみさんが次のようなやりとりをしています。

かずひろくん
「50 g の重さを表すには，1 g と 2 g と 4 g と 8 g と 16 g と…，あれ？表せないね。」

まゆみさん
「重いおもりから考えてみるのはどうかな？ まず，50 g より重い 64 g のおもりは使わない。次に重い 32 g のおもりを選ぶと，残りが 18 g ね。18 g より軽い 16 g のおもりを選ぶと，残りは 2 g になるね。ということは，最後に 2 g を選べばいいね。」

2 人のやりとりをもとに，次の問いに答えなさい。 （整理技能）

(20) おもりの組み合わせはどのように選ぶとうまくいくと予想できますか。下の①，②のうちから一つ選び，その番号で答えなさい。

① 軽いほうから順におもりを選んでいく。
② 重いほうから順におもりを選んでいく。

(21) 29 g の重さを表すには，どのおもりを選べばよいですか。

１次：計算技能検定

1

次の計算をしなさい。

(1)　$-9+5-(-1)$

(2)　$5+4\times(-3)$

(3)　$(-3)^2+(-2)^3$

(4)　$-\dfrac{3}{10}-1.2^2\times\left(-\dfrac{5}{3}\right)$

(5)　$\sqrt{45}+\sqrt{5}-\sqrt{20}$

(6)　$\dfrac{3}{\sqrt{2}}-\sqrt{2}(3-\sqrt{8})$

(7)　$-4(x-2)+3(2x+3)$

(8)　$0.6(4x-3)-1.4(3x+2)$

(9)　$4(3x+2y)-2(-x+2y)$

(10)　$-\dfrac{-x+2y}{6}+\dfrac{3x-y}{2}$

(11)　$-20x^5y^3\div4xy^2$

(12)　$\left(\dfrac{5}{3}x^2y\right)^2\div(-5x^3y^4)\times9xy^3$

2 次の式を展開して計算しなさい。

(13) $(x+2)(x-2)+(x-1)(2x-3)$

(14) $(2x+y)^2$

3 次の式を因数分解しなさい。

(15) $x^2-6x-16$

(16) $2x^2-12x+18$

4 次の方程式を解きなさい。

(17) $-x-5=2x+9$

(18) $\dfrac{3x-2}{6}=\dfrac{x+5}{8}$

(19) $-25x^2+8=0$

(20) $x^2+x-4=0$

5 次の連立方程式を解きなさい。

(21) $\begin{cases} 4x-3y=13 \\ y=-x+12 \end{cases}$

(22) $\begin{cases} 0.4x+0.6y=-1.4 \\ -\dfrac{1}{2}x+\dfrac{1}{6}y=\dfrac{5}{6} \end{cases}$

6 次の問いに答えなさい。

(23) $t = 12$ のとき，$-\dfrac{3}{8}t + 4$ の値を求めなさい。

(24) 大小2個のサイコロを同時に振るとき，出る目の数の和が9となる確率を求めなさい。ただし，サイコロの目は1から6まであり，どの目が出ることも同様に確からしいものとします。

(25) 等式 $5a - 2b = -7$ を a について解きなさい。

(26) y は x に比例し，$x = 2$ のとき $y = -5$ です。$x = -4$ のときの y の値を求めなさい。

(27) y は x の2乗に比例し，$x = 2$ のとき $y = 1$ です。y を x を用いて表しなさい。

(28) 正六角形の1つの内角の大きさは何度ですか。

(29) 右の図で，$l /\!/ m$ のとき，$\angle x$ の大きさは何度ですか。

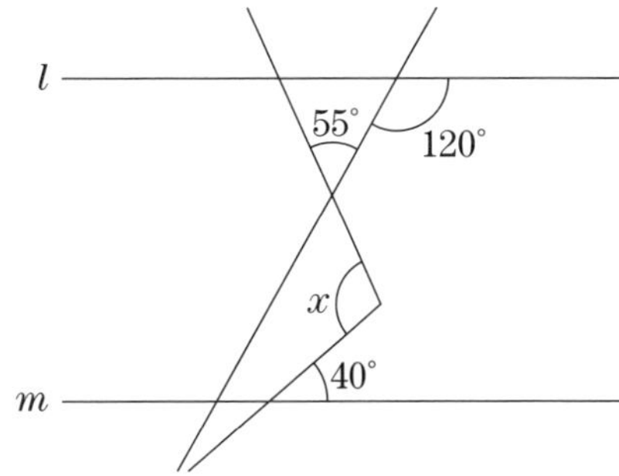

(30) 右の図のように，4点A，B，C，Dが円Oの周上にあります。線分ACは円Oの直径で，$\angle \mathrm{BCA} = 65°$ のとき，$\angle x$ の大きさは何度ですか。

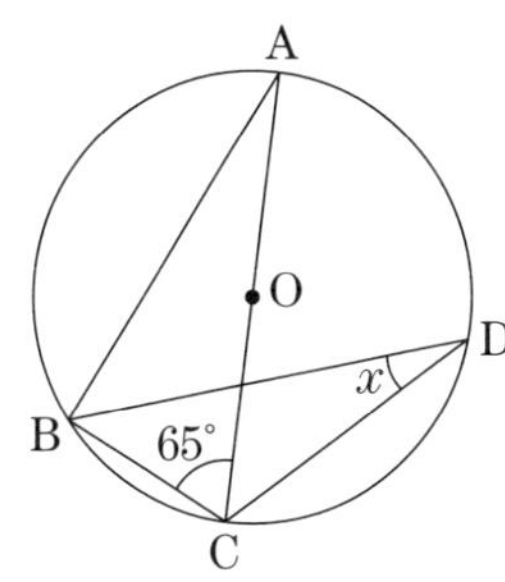

２次：数理技能検定

1 かずひろくんは，友達に配るためにあめを用意しました。かずひろくんの友達の人数を x 人，用意したあめの個数を y 個として，次の問いに答えなさい。

(1) １人に３個ずつ配ると，あめが２個あまりました。このとき，y を x を用いて表しなさい。（表現技能）

(2) １人に４個ずつ配ろうとしましたが，４人の友達には３個しか配れませんでした。このとき，y を x を用いて表しなさい。（表現技能）

(3) (1)，(2)のとき，かずひろくんの友達の人数と，用意したあめの個数を求めなさい。

2 次の問いに単位をつけて答えなさい。ただし，円周率は π とします。（測定技能）

(4) 半径が 2 cm，中心角が 45° のおうぎ形の面積は何 cm^2 ですか。

(5) 半径が 4 cm，中心角が 30° のおうぎ形の弧の長さは何 cm ですか。

3 箱の中に，1，2，3，4，5 の数の書かれた球が 1 つずつ入っています。この箱の中から球を順番に 2 個取り出すとき，次の問いに答えなさい。

(6) 取り出した 2 個の球の数がどちらも偶数である確率を求めなさい。

(7) 取り出した 2 個の球の数の少なくとも 1 つが偶数である確率を求めなさい。

(8) 1 回めに取り出した球の数が 2 回めに取り出した球の数より小さくなる確率を求めなさい。

4 右の度数分布表は，さきこさんのクラスの生徒 20 人に対して実施された数学のテストの結果をまとめたものです。これについて，次の問いに答えなさい。 (統計技能)

数学のテストの結果

階級(点)	度数(人)
0 以上～ 10 未満	1
10 以上～ 20 未満	0
20 以上～ 30 未満	3
30 以上～ 40 未満	5
40 以上～ 50 未満	3
50 以上～ 60 未満	3
60 以上～ 70 未満	1
70 以上～ 80 未満	2
80 以上～ 90 未満	1
90 以上～ 100 未満	1
合計	20

(9) 40 点以上 50 点未満の階級までの累積度数は何人ですか。

(10) 20 点以上 30 点未満の階級の相対度数を求めなさい。

次の問いに答えなさい。

⑾　n を正の整数とします。

$$3\sqrt{2} < n < 2\sqrt{17}$$

となるような n の値をすべて求めなさい。

⑿　m を $1 \leqq m \leqq 20$ を満たす整数とします。

$$\sqrt{3m}$$

が正の整数となるような m の値をすべて求めなさい。

6

右の図のように，原点Oを通る直線 l と，傾きが $-\dfrac{1}{2}$ の直線 m が，点A$(2, 2)$で交わっています。直線 m と y 軸との交点をBとして，次の問いに答えなさい。

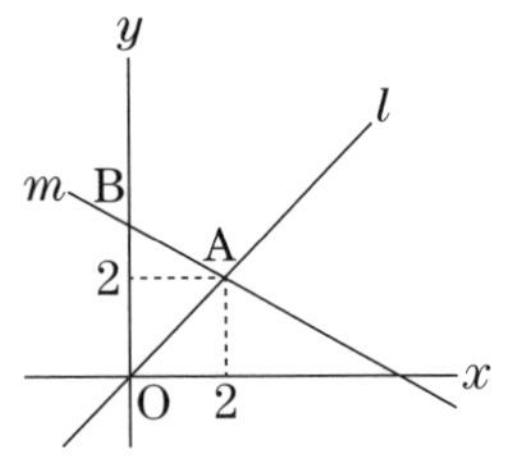

⒀　直線 l の式を求め，y を x を用いて表しなさい。

⒁　直線 m の式を求め，y を x を用いて表しなさい。

⒂　△OABの面積は何 cm^2 ですか。単位をつけて答えなさい。ただし，座標の１目もりを１cmとします。

7

図 1，図 2 の三角形 ABC と三角形 DEF は，△ ABC ∽△ DEF を満たし，辺 AB の長さは 2 cm，辺 AC の長さは$\sqrt{2}$ cm，辺 DE の長さは 4 cm，三角形 ABC の面積は$\dfrac{5}{4}$ cm^2 です。次の問いに答えなさい。ただし，答えが根号を含む分数の場合は，分母に根号がない形にしなさい。

図 1

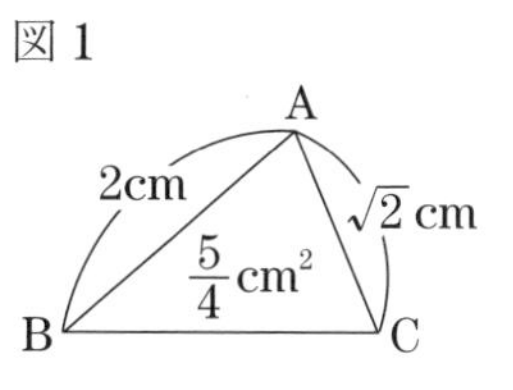

図 2

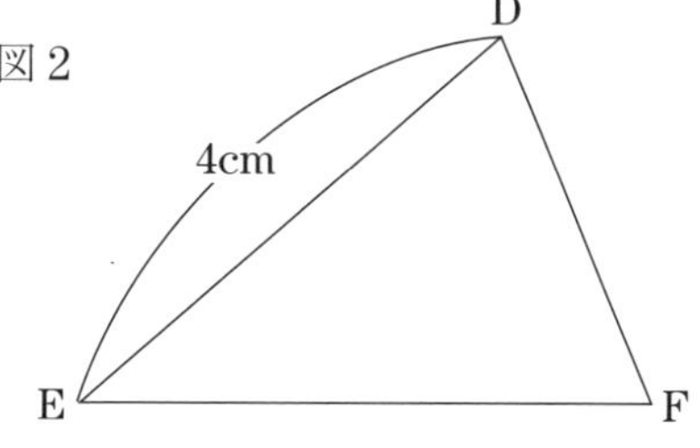

⒃　図 2 の三角形 DEF の辺 DF の長さは何 cm ですか。単位をつけて答えなさい。

⒄　図 2 の三角形 DEF の面積は何 cm^2 ですか。単位をつけて答えなさい。

8

2 直線 l，m と三角形が右の図のような位置にあるとき，次の問いに答えなさい。

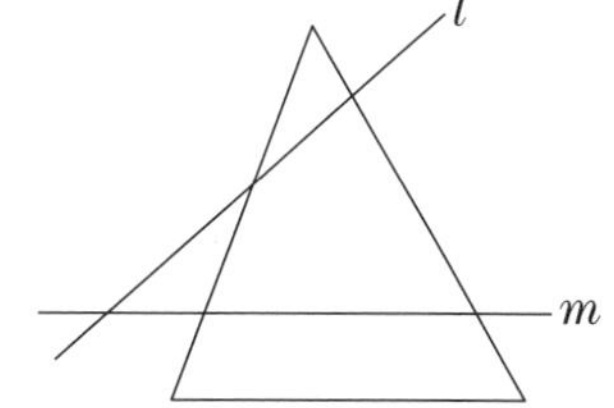

⒅　三角形の辺上にあり，2 直線 l，m までの距離が等しくなるような 2 点 P，Q を，下の〈注〉にしたがって作図しなさい。作図をする代わりに，作図の方法を言葉で説明してもかまいません。（作図技能）

〈注〉　ⓐ　コンパスとものさしを使って作図してください。ただし，ものさしは直線をひくことだけに用いてください。

ⓑ　コンパスの線は，はっきりと見えるようにかいてください。コンパスの針をさした位置に，•の印をつけてください。

ⓒ　作図に用いた線は消さないで残しておき，線をひいた順に，①，②，③，…の番号を書いてください。

下の図のように，白と黒の碁石をある規則に従って並べていきます。これについて，次の問いに答えなさい。　(整理技能)

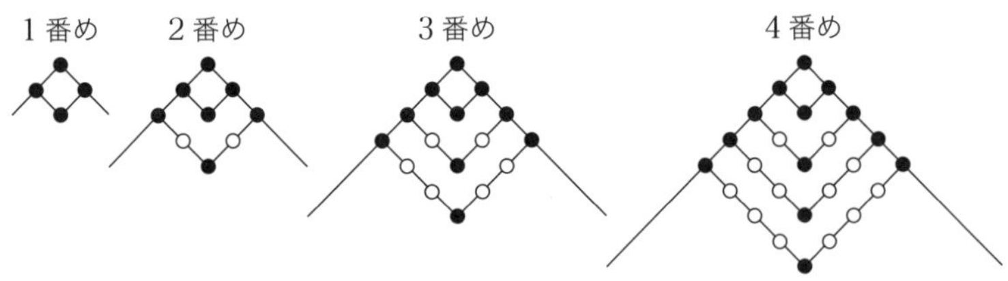

(19)　7番めには，黒の碁石は何個並んでいますか。

(20)　7番めには，碁石は何個並んでいますか。

予想問題 第1回

予想問題 第2回

１次：計算技能検定

1 問題

次の計算をしなさい。

(1)　$-1+4-(-2)$

確認 ▶▶ 第１章 かっこを含んだ計算

数検でるでるテーマ　1　**正負の数のたし算・ひき算**

手順を確認しておこう。

手順① かっこをはずす。

$+(+a)=+a,\ +(-a)=-a,\ -(+a)=-a,\ -(-a)=+a$

手順② 正の数・負の数でそれぞれまとめる。

考え方

まずは(かっこ)をはずすことからはじめる。

$-(-2)=+2$

解答例

$-1+4-(-2)$　　$-(-2)=+2$

$=-1+4+2$　　正の数・負の数でそれぞれまとめる

$=-1+6$

$=\underline{5}$　答

1
問題

次の計算をしなさい。

(2)　$8 - 8 \div (-2)$

確認 ▶▶ 第1章　四則(たし算・ひき算・かけ算・わり算)の計算

数検でるでるテーマ 2　**正負の数のかけ算・わり算**

手順を確認しておこう。

手順① かけ算・わり算の計算を行なう。

手順② たし算・ひき算の計算を行なう。

数検でるでるテーマ 1　**正負の数のたし算・ひき算**で学んだことも使う。注意しよう。

考え方

まず，$8 \div (-2)$（わり算)の計算から行なう。
符号にも注意しよう。

解答例

$8 - 8 \div (-2)$　わり算が先

$= 8 - (-4)$　かっこをはずす

$= 8 + 4$

$= \underline{12}$　答

1 問題

次の計算をしなさい。

(3) $4^2+(-2)^3$

確認 ▶▶ 第1章 累 乗

数検でるでるテーマ 3 累乗の計算

手順を確認しておこう。

手順① 累乗の計算を行なう。

手順② かけ算・わり算の計算を行なう。

手順③ たし算・ひき算の計算を行なう。

また,

$(-a)^2=(-a)\times(-a)=+a^2$ ⬅結果は「+」プラス

$(-a)^3=(-a)\times(-a)\times(-a)=-a^3$ ⬅結果は「−」マイナス

のように何乗しているかによって符号が変わる。注意しよう。

考え方

まず4^2, $(-2)^3$の累乗の計算を行なう。
$(-2)^3$の計算は符号に注意しよう。

解答例

$4^2+(-2)^3$

累乗の計算が先

$=16+(-8)$

かっこをはずす

$=16-8$

$=8$ 答

問題

次の計算をしなさい。

(4) $-\dfrac{10}{3}\times 0.6^2+\dfrac{3}{5}$

確認 ▶▶ 第1章 累乗と四則の計算

最初に何を行なうべきかをしっかりと考えてから計算しよう。

数検でるでるテーマ 1 **正負の数のたし算・ひき算**

数検でるでるテーマ 2 **正負の数のかけ算・わり算**

数検でるでるテーマ 3 **累乗の計算**

上の3つのテーマの定着ができているかどうかの力だめし。

考え方

小数と分数が混じっている計算。

まず，$0.6=\dfrac{6}{10}$ と分数に直してから計算するとうまくいく。

あとは 数検でるでるテーマ 3 **累乗の計算**で学んだことを実践しよう。

解答例

$$-\frac{10}{3}\times 0.6^2+\frac{3}{5}$$

$0.6=\dfrac{6}{10}$ 小数から分数に直す

$$=-\frac{10}{3}\times\left(\frac{6}{10}\right)^2+\frac{3}{5}$$

約分する

$$=-\frac{10}{3}\times\left(\frac{3}{5}\right)^2+\frac{3}{5}$$

累乗の計算が先

$$=-\frac{10}{3}\times\left(\frac{9}{25}\right)+\frac{3}{5}$$

次にかけ算

$\dfrac{\overset{2}{\cancel{10}}}{\underset{1}{\cancel{3}}}\times\dfrac{\overset{3}{\cancel{9}}}{\underset{5}{\cancel{25}}}=\dfrac{6}{5}$

$$=-\frac{6}{5}+\frac{3}{5}$$

$$=-\frac{3}{5}$$ 答

1 問題

次の計算をしなさい。

(5) $\sqrt{48}+\sqrt{3}-\sqrt{27}$

確認 ▶▶ 第１章 **根号を含む式の計算**

数検でるでるテーマ 4 **平方根①**

根号の中の数はできるだけ小さくしてから計算する。

考え方

$\sqrt{48}$, $\sqrt{27}$ は根号の中の数をできるだけ小さくしよう。

$48=16\times3=4^2\times3,\ 27=9\times3=3^2\times3$

がヒント。

解答例

$\sqrt{48}+\sqrt{3}-\sqrt{27}$

$=4\sqrt{3}+\sqrt{3}-3\sqrt{3}$

$\sqrt{48}=\sqrt{16\times3}=\sqrt{16}\times\sqrt{3}=4\sqrt{3}$
$\sqrt{27}=\sqrt{9\times3}=\sqrt{9}\times\sqrt{3}=3\sqrt{3}$

$=5\sqrt{3}-3\sqrt{3}$

正の数・負の数でまとめる

$=2\sqrt{3}$ 答

問題

次の計算をしなさい。

(6)　$\sqrt{5}(2\sqrt{5}-3)+\dfrac{10}{\sqrt{5}}$

確認 ▶▶ 第1章 分母の有理化

数検でるでるテーマ 6 **平方根❸**

分母に無理数$\sqrt{■}$を含む分数があるときはまず，$\sqrt{■}$を含まない分母にすることからはじめる。

考え方

まず，$\dfrac{10}{\sqrt{5}}$の分母の有理化からはじめる。分母が$\sqrt{5}$だから，$\dfrac{\sqrt{5}}{\sqrt{5}}$をかけてから計算する。

解答例

$\dfrac{10}{\sqrt{5}}$については，分母を有理化して，

$$\frac{10}{\sqrt{5}}\boxed{\times\frac{\sqrt{5}}{\sqrt{5}}}=\frac{10\sqrt{5}}{5}$$

×1となっている

したがって，与えられた数式は，

$$\sqrt{5}(2\sqrt{5}-3)+\frac{10}{\sqrt{5}}=\sqrt{5}(2\sqrt{5}-3)+\frac{10\sqrt{5}}{5}$$

約分する

$$=\underline{\underline{\sqrt{5}}}(\underline{\underline{2\sqrt{5}}}-3)+\underline{2\sqrt{5}}$$

$$=\underline{\underline{2\times5}}-3\sqrt{5}+2\sqrt{5}$$

$\sqrt{5}$でくくる

$$=10+(-3+2)\underline{\sqrt{5}}$$

$$=\underline{10-\sqrt{5}}$$ 答

1 問題

次の計算をしなさい。

(7)　$2(2x-1)+3(-x+1)$

確認 ▶▶ 第1章 文字式の計算

数検でるでるテーマ 8　文字式の計算❶

手順を確認しておこう。

手順①　分配法則を使ってかっこをはずす。

手順②　同類項をまとめる。

考え方

かっこをはずすときの符号に注意しよう。

解答例

$2(2x-1)+3(-x+1)$

（分配法則）

$=4x-2-3x+3$

$=4x-3x-2+3$

（同類項をまとめる）

$=\underline{x+1}$　答

1 問題

次の計算をしなさい。

(8)　$1.2(3x-1)-0.5(2x+1)$

確認 ▶▶ 第1章　小数を含む文字式の計算

数検でるでるテーマ 9　**文字式の計算❷**

「小数のたし算・ひき算・かけ算」の計算に注意しよう。

考え方

小数 1.2 と 0.5 を使った計算に注意しよう。
あとは分配法則を使ってかっこをはずしてからのたし算・ひき算にも注意しよう。

解答例

$1.2(3x-1)-0.5(2x+1)$

分配法則
$(-0.5)\times(+1)=-0.5$
符号に注意

$=3.6x-1.2-x-0.5$

$=3.6x-x-1.2-0.5$

同類項をまとめる

$=2.6x-1.7$　答

1
問題

次の計算をしなさい。

(9) $-2(2x+3y)+3(2x-y)$

確認 ▶▶ 第１章 2種類の文字を使った文字式の計算

数検でるでるテーマ 10 **文字式の計算❸**

「それぞれの文字について同類項をまとめる」ことが重要。

考え方

かっこをはずしてから，x，y それぞれの文字についてまとめよう。

解答例

$-2(2x+3y)+3(2x-y)$

$=-4x-6y+6x-3y$

分配法則
$(-2)\times(+3y)=-6y$
符号に注意

$=-4x+6x-6y-3y$

$=\underline{2x-9y}$ 答

x，y それぞれについてまとめる

1 問題

次の計算をしなさい。

(10) $\dfrac{2x-y}{3}-\dfrac{x+y}{2}$

確認 ▶▶ 第1章 分数式のたし算・ひき算

数検でるでるテーマ 11 **文字式の計算❹**

分数式を含む文字式の計算では**通分**するときに注意が必要。

通分はそれぞれの分母の最小公倍数に分母をそろえることである。

考え方

分母が3と2だから，最小公倍数は6。
この数に分母をそろえよう。

解答例

$$\frac{2x-y}{3}-\frac{x+y}{2}$$

分母を3と2の最小公倍数6にそろえる

$$=\frac{2(2x-y)}{6}-\frac{3(x+y)}{6}$$

$$=\frac{2(2x-y)-3(x+y)}{6}$$

分配法則
$(-3)\times(+y)=-3y$
符号に注意

$$=\frac{4x-2y-3x-3y}{6}$$

$$=\frac{4x-3x-2y-3y}{6}$$

x，y それぞれについてまとめる

$$=\frac{x-5y}{6}$$ 答

1 問題

次の計算をしなさい。

(11) $40x^2y^3 \div (-8x^2y)$

確認 ▶▶ 第1章 文字式のわり算

数検でるでるテーマ 12 文字式の計算❺

文字式のわり算では「分数の形に直してから計算する」ことが重要である。

文字式でわる ➡ 逆数をかける

考え方

$\div(-8x^2y)$を$\times \dfrac{1}{-8x^2y}$として計算しよう。

解答例

$40x^2y^3 \div (-8x^2y)$ 逆数をかける

$= 40x^2y^3 \times \left(\dfrac{1}{-8x^2y}\right)$

$= \dfrac{40x^2y^3}{-8x^2y}$ 約分する

$= -5y^2$ 答

1

問題

次の計算をしなさい。

⑿ $\left(\frac{3}{2}x^2y\right)^2 \times (-4x^2y) \div x^4y^2$

確認 ▶▶ 第1章 文字式のかけ算・わり算

数検でるでるテーマ 12 文字式の計算❺

学んだことをすべて使う問題である。

「累乗の計算」,「文字式のかけ算・わり算」の2つとも理解していないと解けない。

難しいが，がんばろう。

考え方

まず $\left(\frac{3}{2}x^2y\right)^2$ のかっこをはずすことからはじめる。

次に $\div x^4y^2$ を $\times \frac{1}{x^4y^2}$ として計算する。

解答例

$$\left(\frac{3}{2}x^2y\right)^2 \times (-4x^2y) \div x^4y^2$$

かっこをはずす $(x^2)^2 = x^2 \times x^2 = x^4$

$$= \frac{9}{4}x^4y^2 \times (-4x^2y) \div x^4y^2$$

逆数をかける

$$= \frac{9}{4}x^4y^2 \times (-4x^2y) \times \frac{1}{x^4y^2}$$

$$= \frac{9x^4y^2 \times (-4x^2y)}{4 \times x^4y^2}$$

約分する

$$= -9x^2y$$ 答

2 問題

次の式を展開して計算しなさい。

⒀ $(2x + y)(4x - 3y)$

確認 ▶▶ 第１章 式の展開（たすきがけ）

数検でるでるテーマ 15 **式の展開③**

公式

$$(ax + b)(cx + d) = acx^2 + (ad + bc)x + bd$$

を使う。

考え方

展開したときの x の項は $\{2 \times (-3y) + y \times 4\}x$ となる。
（$\{2 \times (-3y) + y \times 4\}$：たすきがけ）

解答例

$$(2x + y)(4x - 3y)$$

$$= 2 \times 4x^2 + \{2 \times (-3y) + y \times 4\}x + y \times (-3y)$$

$$= \underline{8x^2 - 2xy - 3y^2}$$ 答

問題

次の式を展開して計算しなさい。

(14) $(x-1)(x+1)-(x-2)^2$

確認 ▶▶ 第1章 **式の展開（和と差の積，平方）**

数検でるでるテーマ 14 **式の展開②**

公式

$$(x+a)(x-a)=x^2-a^2$$

を使う。

数検でるでるテーマ 13 **式の展開①**

公式

$$(ax+b)^2=a^2x^2+2abx+b^2$$

を使う。

考え方

公式を使って展開し，同類項をまとめる。

解答例

$$(x-1)(x+1)-(x-2)^2$$

$$=x^2-1^2-\{x^2+2\times x\times(-2)+(-2)^2\}$$

公式を使う
和と差の積
平方

$$=x^2-1-(x^2-4x+4)$$

$$=x^2-1-x^2+4x-4$$

同類項をまとめる

$$=\underline{4x-5}$$ 答

3
問題

次の式を因数分解しなさい。

⒂ $x^2+10x-24$

確認 ▶▶ 第１章 因数分解（乗法公式）

数検でるでるテーマ 18 因数分解❸

公式

$$x^2+(a+b)x+ab=(x+a)(x+b)$$

を使う。

考え方

x の係数＋10 は＋12 と－2 の和，定数項－24 は＋12 と－2 の積と考えることができる。

解答例

$$x^2\underline{+10x}\ \underline{-24}$$

$$=x^2+\{\underline{12+(-2)}\}x+\underline{12\times(-2)}$$

⬅＋10 は＋12 と－2 の和
－24 は＋12 と－2 の積

$$=\underline{(x+12)(x-2)}$$ 答

問題

次の式を因数分解しなさい。

(16) $x^2-(x-y)^2$

確認 ▶▶ 第1章 **因数分解（和と差の積）**

数検でるでるテーマ 17 **因数分解❷**

公式

$$x^2-a^2=(x+a)(x-a)$$

を使う。

考え方

$x-y=A$ とおけば，

$$x^2-(x-y)^2=x^2-A^2$$

となり，「2乗ひく2乗」の形になっている。

解答例

$x^2-(x-y)^2$ において，

$$x-y=A$$

とおく。

$$x^2-(x-y)^2=x^2-A^2$$ ⬅2乗ひく2乗

$$=(x+A)(x-A)$$ ⬅和と差の積

$$=\{x+(x-y)\}\{x-(x-y)\}$$ ⟵ A を $x-y$ にもどす

$$=(x+x-y)(x-x+y)$$

$$=\underline{y(2x-y)}$$ 答

4
問題

次の方程式を解きなさい。

(17) $3x + 2 = x - 4$

確認 ▶▶ 第1章 **1次方程式の解き方**

数検でるでるテーマ 20 **1次方程式❶**

手順を確認しておこう。

手順1 x(文字)はすべて左辺，数字はすべて右辺に集め，まとめる。

手順2 x(文字)の係数で両辺をわる。

考え方

xは左辺に，$+2$は右辺に移項して，まとめよう。
あとはxの係数で両辺をわればよい。

解答例

$3x + 2 = x - 4$　（xは左辺に，$+2$は右辺に移項する）

$3x - x = -4 - 2$　（まとめる）

$2x = -6$　（両辺を2でわる）

$\underline{x = -3}$　答

4 問題

次の方程式を解きなさい。

(18) $\dfrac{2x-1}{3}=\dfrac{3x-4}{2}$

確認 ▶▶ 第1章 **小数・分数の係数を整数に直す**

数検でるでるテーマ 21 **1次方程式❷**

方程式の両辺を何倍かして，小数・分数の係数を整数に直してから解く。

考え方

分母に3と2がある。3と2の最小公倍数は6なので，方程式の両辺を6倍してから解くようにしよう。

解答例

$$\frac{2x-1}{3}=\frac{3x-4}{2}$$

両辺を6倍する

$$2(2x-1)=3(3x-4)$$

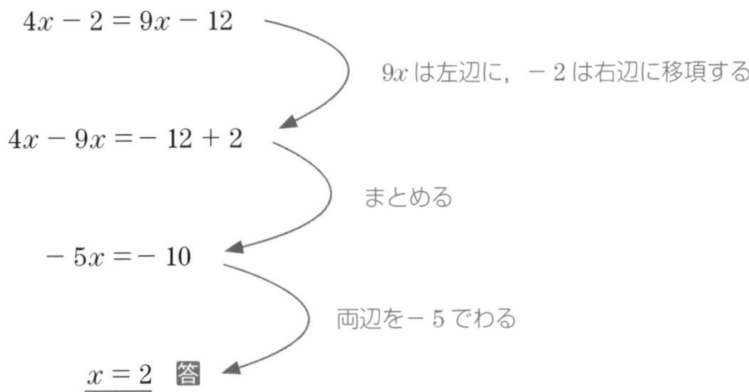

$$4x-2=9x-12$$

$9x$ は左辺に，-2 は右辺に移項する

$$4x-9x=-12+2$$

まとめる

$$-5x=-10$$

両辺を-5でわる

$$\underline{x=2}$$ 答

問題

次の方程式を解きなさい。

(19) $16x^2 - 7 = 0$

確認 ▶▶ 第１章 **平方根の解を求める**

数検でるでるテーマ 26 **2 次方程式❶**

$ax^2 - c = 0$ の形の 2 次方程式を解くときは，$-c$ を移項して，

$$ax^2 = c$$

両辺を a でわって，

$$x^2 = \frac{c}{a}$$

よって，

$$x = \pm\sqrt{\frac{c}{a}}$$ ⬅ $\frac{c}{a}$ の平方根

考え方

「x^2 =(数字)」の形をつくろう。あとは平方根を求めるだけだが，符号「±」を忘れないようにしよう。

解答例

$$16x^2 - 7 = 0$$

$$16x^2 = 7$$ （-7 を右辺に移項する）

$$x^2 = \frac{7}{16}$$ ⬅ x^2 =(数字)の形をつくる

よって，

$$x = \pm\frac{\sqrt{7}}{4}$$ 答 ⬅「±」を忘れずにかく　$\sqrt{16} = \sqrt{4^2} = 4$

問題

次の方程式を解きなさい。

(20) $x^2 - 3x + 1 = 0$

確認 ▶▶ 第1章 **解の公式（2次方程式）**

数検でるでるテーマ 27 **2次方程式②**

手順を確認しておこう。

手順1 左辺 $ax^2 + bx + c$ が因数分解できるなら行なう。

手順2 解の公式を使う。

$ax^2 + bx + c = 0$ の解は，

$$x = \frac{-b \pm \sqrt{b^2 - 4ac}}{2a}$$

考え方

左辺の $x^2 - 3x + 1$ はきれいな形での因数分解はできなさそう。解の公式を使おう。

解答例

$x^2 - 3x + 1 = 0$ ⬅左辺はきれいな形での因数分解はできなさそう

解の公式を使って，

$$x = \frac{-(-3) \pm \sqrt{(-3)^2 - 4 \times 1 \times 1}}{2 \times 1}$$

$$= \frac{3 \pm \sqrt{5}}{2}$$ 答

5
問題

次の連立方程式を解きなさい。

(21) $\begin{cases} 3x + 2y = -4 \\ 2x - y = -5 \end{cases}$

確認 ▶▶ 第 1 章 **連立方程式の解き方**

数検でるでるテーマ 23 **連立方程式❶**

連立方程式を解くための 2 つの方法は

方法① 加減法　　方法② 代入法

だった。どちらを使うのかを適切に判断しよう。

考え方

y を消すために $2x - y = -5$ の両辺を 2 倍して，$3x + 2y = -4$ に加える。

解答例

$\begin{cases} 3x + 2y = -4 & \cdots\cdots ① \\ 2x - y = -5 & \cdots\cdots ② \end{cases}$

①＋② × 2 を計算すると，　⬅加減法

$$\begin{array}{rr} & 3x + 2y = -4 \\ +) & 4x - 2y = -10 \\ \hline & 7x = -14 \\ & x = -2 \end{array}$$

$x = -2$ を①に代入して，

$$3 \times (-2) + 2y = -4$$
$$-6 + 2y = -4$$
$$2y = 2$$
$$y = 1$$

よって，

$x = -2,\ y = 1$ 答

問題

次の連立方程式を解きなさい。

(22) $\begin{cases} 0.5x - 1.2y = -0.2 \\ \dfrac{3}{4}x + \dfrac{1}{3}y = \dfrac{11}{6} \end{cases}$

確認 ▶▶ 第1章 **係数が小数・分数の方程式**

数検でるでるテーマ 24 **連立方程式❷**

係数が小数や分数のときの方程式を扱う。

方程式の両辺を何倍かして，係数を整数に直してから

方法1 加減法　方法2 代入法

のどちらかを使って解こう。

考え方

$0.5x - 1.2y = -0.2$ は両辺を 10 倍する。

$\dfrac{3}{4}x + \dfrac{1}{3}y = \dfrac{11}{6}$ は分母の最小公倍数 12 を両辺にかける。

解答例

$\begin{cases} 0.5x - 1.2y = -0.2 & \cdots\cdots① \\ \dfrac{3}{4}x + \dfrac{1}{3}y = \dfrac{11}{6} & \cdots\cdots② \end{cases}$

①の両辺を 10 倍して，

$5x - 12y = -2$ ……①′

②の両辺を 12 倍して，

$9x + 4y = 22$ ……②′

← 12 は分母にある 4 と 3 と 6 の最小公倍数

①′＋②′ × 3　を計算すると，

$$\begin{array}{rr} & 5x - 12y = -2 \\ +) & 27x + 12y = 66 \\ \hline & 32x = 64 \\ & x = 2 \end{array}$$

$x = 2$ を①′に代入して，

$5 \times 2 - 12y = -2$

$10 - 12y = -2$

$-12y = -12$

$y = 1$

よって，

$x = 2,\ y = 1$ 答

6 問題

次の問いに答えなさい。

(23) $x = \frac{3}{2}$ のとき，$-4x + 5$ の値を求めなさい。

確認 ▶▶ 第１章 **式の値**

数検でるでるテーマ 7 **式の値**

文字●を使った数式，すなわち●に値を代入して計算する問題。

考え方

$-4x+5$ は x についての式。

x に代入する値が $\frac{3}{2}$ だから，計算ミスに注意しよう。

解答例

$-4x+5$ に $x=\frac{3}{2}$ を代入すると，

$$-4\times\left(\frac{3}{2}\right)+5$$

$$=-\frac{12}{2}+5$$

$$=-6+5$$

$$=\underline{-1}$$ 答

問題

次の問いに答えなさい。

(24) 大小2枚の硬貨を同時に投げるとき，2枚とも裏が出る確率を求めなさい。ただし，硬貨の表と裏の出方は，同様に確からしいものとします。

確認 ▶▶ 第4章 **確率を求める**

数検でるでるテーマ 58 **樹形図をかく**

樹形図を使って考えてみよう。この問題の確率は 数検でるでるテーマ 59 **確率を求める** で学んだように，求める確率は，

$$\frac{(2\text{枚とも裏が出る場合の数})}{(\text{起こりうるすべての場合の数})}$$

となる。

考え方

樹形図を使って(起こりうるすべての場合の数)と(2枚とも裏が出る場合の数)を求めて，それぞれの値を使って分数をつくろう。

解答例

樹形図をかいてみる。大の硬貨，小の硬貨の順にかく。

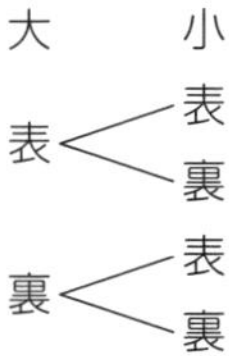

したがって，起こりうるすべての場合の数は，4通り。そのうち，2枚とも裏が出る場合の数は，1通り。よって，求める確率は，

$\frac{1}{4}$ 答

6 問題

次の問いに答えなさい。

(25) 等式 $4x - 2y + 3 = 0$ を y について解きなさい。

確認 ▶▶ 第１章 ●について解く

数検でるでるテーマ 22 **等式の変形**

「●について解く」とは，等式を変形して，

「●＝～」

の形をつくることである。

考え方

$-2y$ 以外の項 $4x$ と $+3$ を移項してから，y の係数 -2 で両辺をわる。

解答例

$$4x - 2y + 3 = 0$$

（$4x$，$+3$ を移項する）

$$-2y = -4x - 3$$

（両辺を -2 でわる）

$$\underline{y = 2x + \frac{3}{2}}$$ 答

問題

次の問いに答えなさい。

(26) y は x に比例し，$x=-2$ のとき $y=6$ です。y を x を用いて表しなさい。

確認 ▶▶ 第2章 **関数（比例）**

数検でるでるテーマ 29 **関数 ❶**

「y は x に比例する」➡「$y=ax$ と表せる」

比例定数 a を求め，y を x を用いて表すことが目標である。

考え方

y は x に比例するので，$y=ax$ と表せる。あとは条件を代入して，a の値を求めればよい。

解答例

y は x に比例するから，

$y=ax$ （a は 0 ではない数）

と表せる。$x=-2$ のとき，$y=6$ であるから，

$6=a\times(-2)$ ⬅ $x=-2$，$y=6$ を代入する

$a=-3$ ⬅比例定数を求める

よって，

$y=-3x$ 答

6 問題

次の問いに答えなさい。

(27) 下のデータについて，範囲を求めなさい。

7，4，8，3，3，2，7

確認 ▶▶ 第5章 範囲

数検でるでるテーマ 65 **箱ひげ図**

範囲…最大値と最小値の差

考え方

まず，データを小さい順に並べる。

解答例

与えられたデータを小さい順に並べると，

2，3，3，4，7，7，8

したがって，

最大値は8，最小値は2

となる。

よって，範囲は，

$8 - 2 = \underline{6}$ 答

↑

（最大値）－（最小値）

次の問いに答えなさい。

(28) 七角形の内角の和は何度ですか。

確認 ▶▶ 第3章 多角形

数検でるでるテーマ 48 **多角形の性質**

n 角形の内角の和は,

$180^\circ \times (n-2)$

考え方

七角形に対角線をひいて分割すると，三角形は5個つくれる。

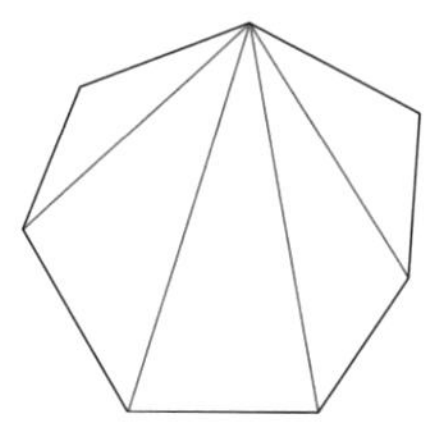

三角形は5個つくれる

七角形の内角の和は,

$180^\circ \times 5 = \underline{900^\circ}$ 答

6 問題

次の問いに答えなさい。

(29) 右の図で，$l \parallel m$ のとき，$\angle x$ の大きさは何度ですか。

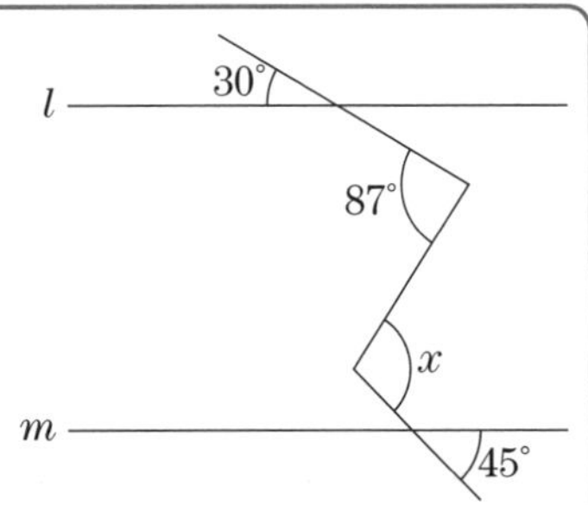

確認 ▶▶ 第３章 平行線を使った問題

数検でるでるテーマ 43 平行線と角

(1) 対頂角

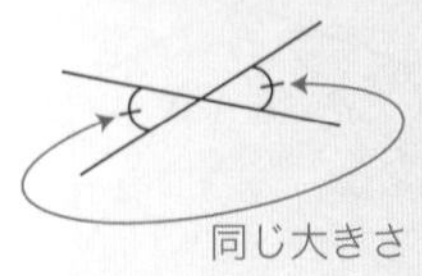

(2) 同位角，錯角 $l \parallel m$ のとき，

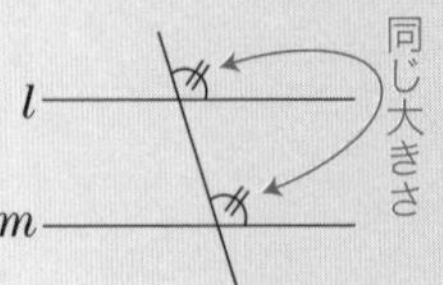

考え方

そのままの図では同位角，錯角は存在しない。
l，m に平行な直線をひいてみよう。

解答例

図のように l，m と平行となる２本の直線 k，n をひく。

同位角，錯角の関係より，図のように角の大きさが定まる。

よって，

$\angle x = 57^\circ + 45^\circ = \underline{102^\circ}$ 答

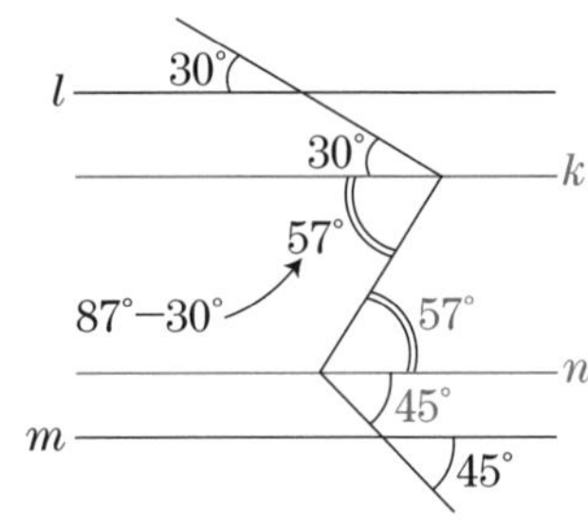

次の問いに答えなさい。

(30) 右の図のように，3 点 A，B，C が円 O の周上にあります。∠ OBC = 38° のとき，∠ x の大きさは何度ですか。

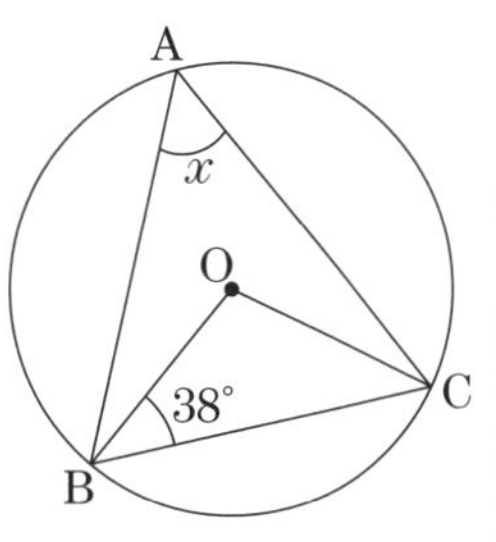

確認 ▶▶ 第3章 **円周角，中心角**

数検でるでるテーマ 45 **円周角と中心角**

(1) 円周角の定理

同じ長さの弧に対してできる円周角は等しい。

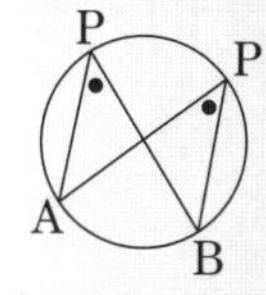

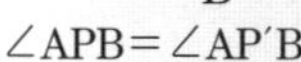

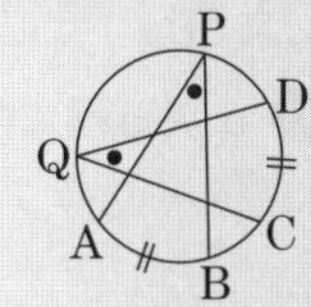

($\overset{\frown}{AB}$の長さ)=($\overset{\frown}{CD}$の長さ)のとき
∠APB=∠CQD

(2) 円周角は中心角の半分の大きさである。

考え方

円周角，中心角を考えるだけでは答えは求められない。O が円の中心なので，OB と OC は半径だから OB = OC となり，△ OBC は二等辺三角形であることを使おう。

解答例

△ OBC は

OB = OC　⬅ OB と OC は半径

の二等辺三角形である。

したがって，

∠ OCB = ∠ OBC = 38°

∠ BOC = 180° −(38° + 38°) = 104°

円周角と中心角の関係より，

$$\angle x = \angle \mathrm{BOC} \times \frac{1}{2} = 104^\circ \times \frac{1}{2} = \underline{52^\circ}$$ 答

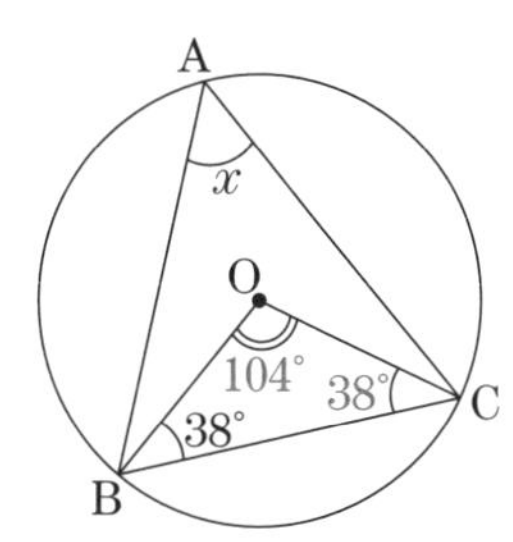

２次：数理技能検定

1 問題

ともきくんの年齢を x 歳，よしたかさんの年齢を y 歳として，次の問いに答えなさい。

(1) よしたかさんの年齢は，ともきくんの年齢に 36 をたした値です。y を x を用いて表しなさい。 (表現技能)

(2) よしたかさんの年齢は，ともきくんの年齢の 2 乗から 6 をひいた値です。y を x を用いて表しなさい。 (表現技能)

(3) (1)，(2)のとき，ともきくんの年齢を求めなさい。

確認 ▶▶ 第１章 (表現技能) 問題へのアプローチ

〔等式をつくる〕 ➡ 数検でるでるテーマ 28 **2 次方程式❸**

等式(「＝」イコールを使った式)をつくるときに，何の量や値で等式をつくるのかを文章をよく読んで考えよう。

〔2 次方程式を解く〕 ➡ 数検でるでるテーマ 27 **2 次方程式❷**

解くときの手順を確認しておこう。

手順1 左辺 ax^2+bx+c が因数分解できるなら行なう。

手順2 解の公式を使う。

$ax^2+bx+c=0$ の解は，

$$x=\frac{-b\pm\sqrt{b^2-4ac}}{2a}$$

考え方

(1)・(2)の問題では y を x を用いて表す。

(2)では「2乗」という言葉が文章にある。注意しよう。

(3)の問題では，(1)・(2)でつくった式から y を消去して，x の方程式をつくり，それを解く。

解答例

(1) よしたかさんの年齢は，ともきくんの年齢に36をたした値だから，

$y = x + 36$ 答

(2) よしたかさんの年齢は，ともきくんの年齢の2乗から6をひいた値だから，

$y = x^2 - 6$ 答

(3) (1)より　$y = x + 36$

(2)より　$y = x^2 - 6$

2つの式より y を消去して，

$x + 36 = x^2 - 6$

$x - x^2 + 36 + 6 = 0$

$-x^2 + x + 42 = 0$

$x^2 - x - 42 = 0$

左辺を因数分解して，　⬅左辺は因数分解できる

$(x - 7)(x + 6) = 0$

これを解くと

$x = 7, -6$

$x - 7 = 0$，または $x + 6 = 0$
つまり
$x = 7$，または $x = -6$

$x > 0$ より　$x = 7$

よって，ともきくんの年齢は7歳 答

次の問いに単位をつけて答えなさい。ただし，円周率は π とします。（測定技能）

(4) 半径が 4 cm の球の体積は何 cm^3 ですか。

(5) 半径が 3 cm の球の表面積は何 cm^2 ですか。

確認 ▶▶ 第3章 球について

〔体積〕 ➡ 数検でるでるテーマ 52 球

半径が r（正の数）である球の体積は，

$$\frac{4}{③}\pi r^3$$

⬆分母の 3 を忘れずにかく

（ただし，π は円周率）

〔表面積〕 ➡ 数検でるでるテーマ 52 球

半径が r（正の数）である球の表面積は，

$$4\pi r^2$$

（ただし，π は円周率）

考え方

(4) 球の体積の公式に，$r = 4$ (cm)を代入しよう。

(5) 球の表面積の公式に，$r = 3$ (cm)を代入しよう。

(4)　体積の公式を使って,

$$\frac{4}{③} \times \pi \times 4^3$$

⬆忘れずにかく

$$= \frac{4}{3} \times \pi \times 64$$

$$= \frac{256}{3}\pi$$

よって,

$\underline{\frac{256}{3}\pi \text{ cm}^3}$　答

(5)　表面積の公式を使って,

$$4 \times \pi \times 3^2$$

$$= 4 \times \pi \times 9$$

$$= 36\pi$$

よって,

$\underline{36\pi \text{ cm}^2}$　答

3 問題

右の図において，次の問いに答えなさい。（測定技能）

(6) ∠BCAの大きさを求めなさい。

(7) 三角形ABCと三角形ADEは合同となります。このことを示すには三角形の合同条件の何を用いるのかを答えなさい。

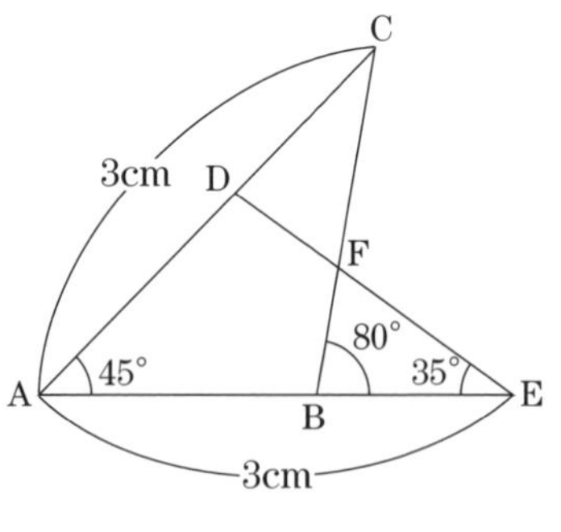

確認 ▶▶ 第3章 （測定技能）問題へのアプローチ

〔三角形の合同条件〕 ➡ 数検でるでるテーマ 39 合同な三角形

① 3組の辺の長さがそれぞれ等しい。

② 2組の辺の長さとその間の角の大きさがそれぞれ等しい。

③ 1組の辺の長さとその両端の角の大きさがそれぞれ等しい。

考え方

(6) 三角形ABCについて成り立つことを考えてみよう。

(7) 三角形ABCと三角形ADEのどの辺とどの角が対応するのかを考えよう。

解答例

(6) 三角形 ABC において，内角と外角の関係より，

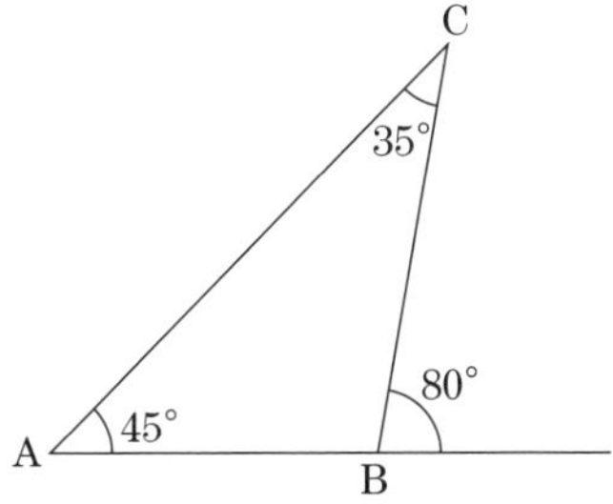

$\angle \mathrm{BAC} + \angle \mathrm{BCA} = 80^\circ$

$45^\circ + \angle \mathrm{BCA} = 80^\circ$

$\angle \mathrm{BCA} = \underline{35^\circ}$ 答

(7) 三角形 ABC と三角形 ADE において，

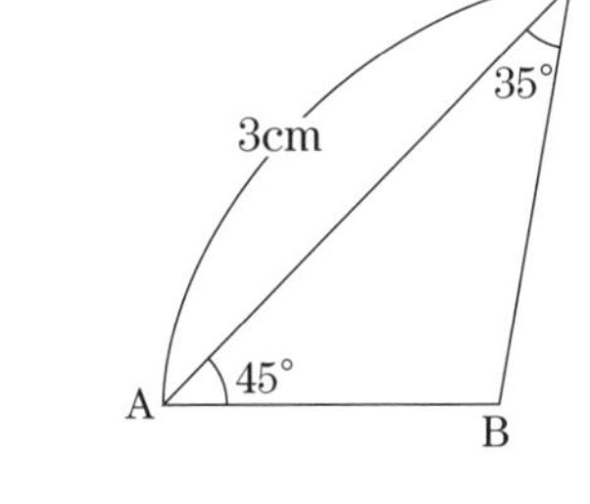

$\mathrm{AC} = \mathrm{AE} = 3\ \mathrm{cm}$

$\angle \mathrm{CAB} = \angle \mathrm{EAD} = 45^\circ$

$\angle \mathrm{BCA} = \angle \mathrm{DEA} = 35^\circ$

よって，用いる合同条件は，

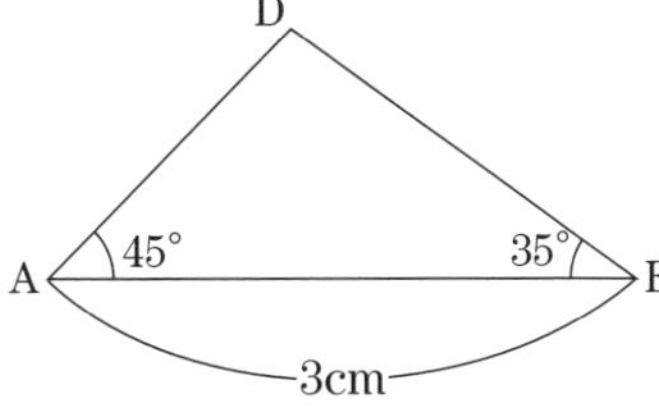

1 組の辺の長さとその両端の角の大きさが

それぞれ等しい 答

下の箱ひげ図は，ひであきさんのクラスの生徒の，ある1週間のテレビの視聴時間の合計を調査しまとめたものです。次の問いに答えなさい。 （統計技能）

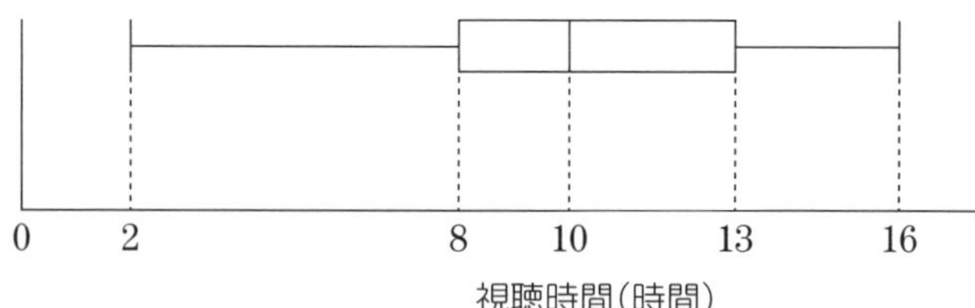

(8) 四分位範囲を求めなさい。

(9) 次の①，②，③からこの箱ひげ図について正しく述べているものを1つ選び，その番号で答えなさい。

① 平均値は10時間である。

② クラスの半数以上が8時間以上テレビを視聴している。

③ 視聴時間の合計が10時間の生徒が必ずいる。

確認 ▶▶ 第5章 **（統計技能）問題へのアプローチ**

〔箱ひげ図〕➡ 数検でるでるテーマ 65 **箱ひげ図**

箱ひげ図から

最小値，第1四分位数，第2四分位数(中央値)，第3四分位数，最大値を読み取る。

考え方

(8) 四分位範囲は(第3四分位数)－(第1四分位数)で求められる。

(9) 第2四分位数(中央値)が10時間であることに注意しよう。

解答例

(8) 箱ひげ図より，第1四分位数は8時間，第3四分位数は13時間である。

よって，四分位範囲は，

$13-8=\underline{5\ (時間)}$ 答

(9) 箱ひげ図より，中央値は10時間である。

①について，平均値が10時間であるとは限らないから，正しいとはいえない。

②について，中央値が10時間であるから，8時間以上テレビを視聴している生徒はクラスの半数以上となるため，正しい。

③について，クラス全体の人数がわからないので，箱ひげ図からは10時間視聴している生徒が必ずいるとはいえないため，正しいとはいえない。

よって，

正しく述べているのは②　答

5 問題

下の 5 つの数について，次の問いに答えなさい。

$2\sqrt{12}$， 6， $\dfrac{3\sqrt{3}}{2}$， $3\sqrt{2}$， $\dfrac{16}{3}$

⑽ 無理数をすべて答えなさい。

⑾ $\sqrt{15}$ より大きく，$\sqrt{41}$ より小さい数をすべて答えなさい。

確認 ▶▶ 第 1 章 根号を使った問題へのアプローチ

〔有理数と無理数〕➡ 数検でるでるテーマ 6 平方根❸

無理数……分数で表すことのできない数（循環しない小数）。

〔大小関係〕➡ 数検でるでるテーマ 5 平方根❷

根号を含む数の大小を比べるときは，

方法 1 $\sqrt{a}$ を 2 乗して，a に変形する。

方法 2 $a\sqrt{b} = \sqrt{a^2 \times b}$ として，根号の中にまとめる。

などの方法を使ってみよう。

考え方

⑽ 有理数（分数で表すことのできる数）を探そう。それ以外が無理数となる。

⑾ 与えられた数を 2 乗して比べてみよう。

(10) 有理数は 6 と $\frac{16}{3}$ であるから,

無理数は $\underline{2\sqrt{12},\ \frac{3\sqrt{3}}{2},\ 3\sqrt{2}}$ 答

(11) 与えられた数と比べる $\sqrt{15}$, $\sqrt{41}$ をすべて 2 乗してみる。

$(2\sqrt{12})^2 = 4 \times 12 = 48$

$6^2 = 36$

$\left(\frac{3\sqrt{3}}{2}\right)^2 = \frac{9 \times 3}{4} = \frac{27}{4}$

$(3\sqrt{2})^2 = 9 \times 2 = 18$

$\left(\frac{16}{3}\right)^2 = \frac{256}{9}$

$(\sqrt{15})^2 = 15$

$(\sqrt{41})^2 = 41$

次の不等式が成り立つ。

$$\frac{27}{4} < 15 < 18 < \frac{256}{9} < 36 < 41 < 48$$

したがって,

$$\frac{3\sqrt{3}}{2} < \sqrt{15} < 3\sqrt{2} < \frac{16}{3} < 6 < \sqrt{41} < 2\sqrt{12}$$

よって, $\sqrt{15}$ より大きく, $\sqrt{41}$ より小さい数は,

$\underline{3\sqrt{2},\ \frac{16}{3},\ 6}$ 答

6
問題

右の図のように，放物線 $y = ax^2$ と直線 l が２点A，Bで交わっています。点Aの座標は(4，8)，点Bの x 座標は１です。次の問いに答えなさい。

(12) a の値を求めなさい。

(13) 点Bの y 座標を求めなさい。

(14) 直線 l の式を求めなさい。

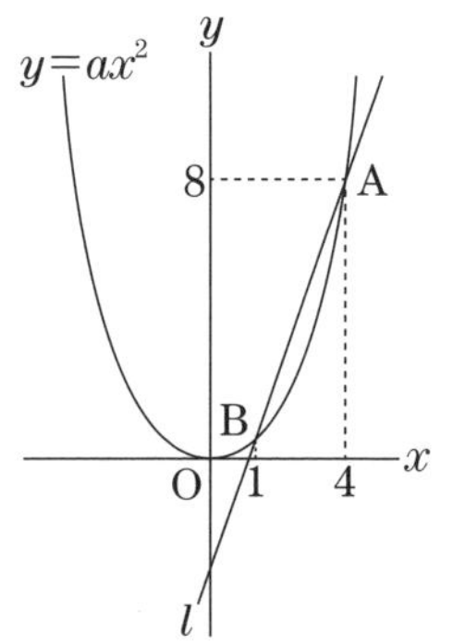

確認 ▶▶ 第２章 グラフ(直線，放物線)

〔直線の方程式〕➡ 数検でるでるテーマ 33 **1次関数❶**

$y = ax + b$ （a：変化の割合，b：切片）

〔関数 $y = ax^2$〕➡ 数検でるでるテーマ 35 **$y = ax^2$ のグラフ**

a の値は関数 $y = ax^2$ のグラフが通る点をもとに求めよう。

考え方

(12) 関数 $y = ax^2$ のグラフが点A(4，8)を通るという条件より，$x = 4$，$y = 8$ を関数 $y = ax^2$ に代入して a の値を求めよう。

(13) (12)で関数 $y = ax^2$ の a の値がわかったので，$x = 1$ を代入して，y の値を求めよう。

(14) ２点A，Bの座標から直線 l の式を求めよう。

解答例

(12) 関数 $y = ax^2$ のグラフが点A(4，8)を通るから，

$8 = a \times 4^2$ ⬅ $x = 4$，$y = 8$ を代入する

$8 = 16a$

よって，$a = \frac{1}{2}$ 答

(13) (12)より関数 $y = ax^2$ は

$$y = \frac{1}{2}x^2$$

である。

$x = 1$ のとき，

$y = \frac{1}{2} \times 1^2 = \frac{1}{2}$ ⬅ $x = 1$ を代入する

よって，求める y 座標は

$\frac{1}{2}$ 答

⒁ 2点A，Bの座標はそれぞれ

(4，8)，$\left(1, \frac{1}{2}\right)$

である。求める直線 l の式を $y = bx + c$ とおく。

点(4，8)を通るから，

$8 = b \times 4 + c$ ⬅ $x = 4$，$y = 8$ を代入する

$4b + c = 8$ ……①

点 $\left(1, \frac{1}{2}\right)$ を通るから，

$\frac{1}{2} = b \times 1 + c$ ⬅ $x = 1$，$y = \frac{1}{2}$ を代入する

$b + c = \frac{1}{2}$ ……②

①－②を計算すると， ⬅加減法

$$
\begin{array}{rr}
 & 4b + c = 8 \\
-) & b + c = \frac{1}{2} \\
\hline
 & 3b = \frac{15}{2}
\end{array}
$$

$b = \frac{5}{2}$

$b = \frac{5}{2}$ を②に代入して，

$\frac{5}{2} + c = \frac{1}{2}$

$c = -2$

よって，直線 l の式は，

$y = \frac{5}{2}x - 2$ 答

予想問題 解答・解説 第1回 予想問題 解答・解説 第2回

7 問題

次の問いに単位をつけて答えなさい。 （測定技能）

⒂ 直角三角形 ABC は，$\angle C = 90°$，$BC = 5$ cm，$CA = \sqrt{7}$ cm を満たします。AB の長さは何 cm ですか。

⒃ 右の図のような，底面の半径が 2 cm，母線の長さが $2\sqrt{5}$ cm の円錐があります。このとき，線分 OA の長さは何 cm ですか。

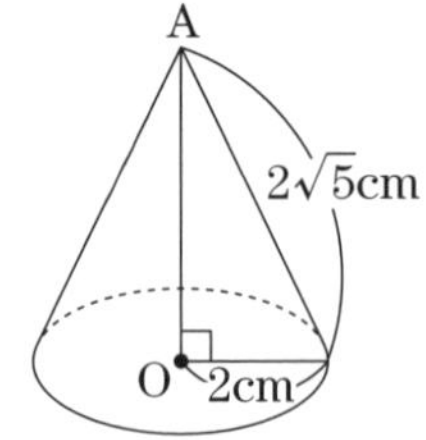

⒄ 二等辺三角形 ABC は，$AB = AC = 2$ cm，さらに，辺 BC の中点 M に対して，$AM = 1$ cm を満たします。辺 BC の長さは何 cm ですか。

確認 ▶▶ 第３章 （測定技能）問題へのアプローチ

図形問題への理解力が問われる。

〔直角三角形〕➡ 数検でるでるテーマ 46 **三平方の定理**

三平方の定理

$$a^2 + b^2 = c^2$$

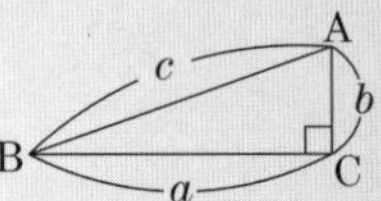

〔二等辺三角形〕➡ 数検でるでるテーマ 47 **二等辺三角形・正三角形**

$AB = AC$ の二等辺三角形 ABC において，頂点 A から辺 BC に垂線をおろす。辺 BC と垂線との交点を M とすれば，点 M は辺 BC の中点である。

考え方

⒂ $\angle C = 90°$ だから，斜辺は辺 AB となる。三平方の定理を使って，AB の長さを求めよう。

⒃ 直角三角形を見つけて，三平方の定理を使おう。

⒄ $AB = AC$ の二等辺三角形 ABC において，辺 BC の中点を M とすると，$AM \perp BC$ である。

(15) 直角三角形 ABC は，右の図のようになる。

三平方の定理を使って，

$$5^2 + (\sqrt{7})^2 = AB^2$$

$$25 + 7 = AB^2$$

$$AB^2 = 32$$

AB > 0 であるから，

$$AB = \sqrt{32} = 4\sqrt{2} \quad \Leftarrow \sqrt{32} = \sqrt{16 \times 2} = \sqrt{16} \times \sqrt{2} = 4 \times \sqrt{2}$$

よって，AB の長さは，

$4\sqrt{2}$ cm 答

(16) 右の図の直角三角形において，三平方の定理を使って，

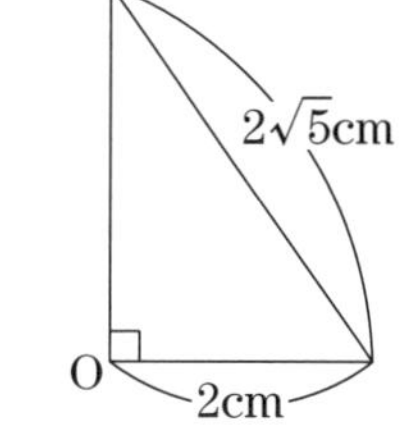

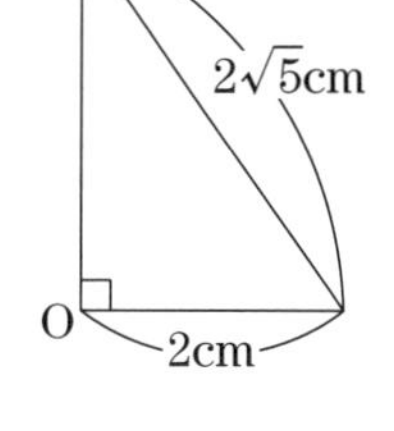

$$OA^2 + 2^2 = (2\sqrt{5})^2$$

$$OA^2 + 4 = 20$$

$$OA^2 = 16$$

OA > 0 であるから，　$\sqrt{16} = \sqrt{4^2} = 4$

$$OA = 4$$

よって，OA の長さは，

4 cm 答

(17) 二等辺三角形 ABC は，右の図のようになる。

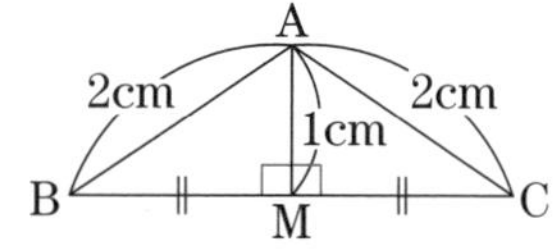

$$AM \perp BC$$

であるから，

$$\angle BMA = \angle CMA = 90^\circ$$

三角形 ABM は∠ BMA = 90° の直角三角形であるため，三平方の定理を使って，

$$BM^2 + 1^2 = 2^2$$

$$BM^2 + 1 = 4$$

$$BM^2 = 3$$

BM > 0 であるから，

$$BM = \sqrt{3}$$

したがって，

$$BC = 2BM = 2\sqrt{3}$$

点 M は辺 BC の中点

よって，辺 BC の長さは，

$2\sqrt{3}$ cm 答

8 問題

右の図の直角三角形ABCは，辺BCの長さが3 cm，辺ACの長さが5 cm，∠BCA = 90°です。点Pは，点Bから出発して辺BC上を点Cまで進むものとし，点Pが点Bからx cm進んだときの三角形ABPの面積をy cm²とします。次の問いに答えなさい。

(18) xとyの関係を式に表しなさい。

(19) yの変域を求めなさい。

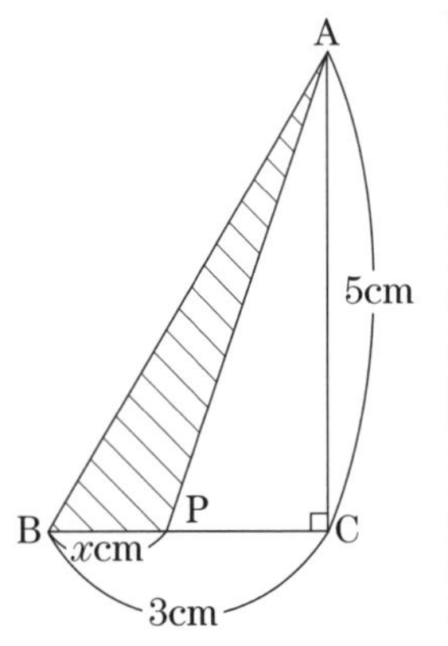

確認 ▶▶ 第2章 **関　数**

〔文章題〕➡ 数検でるでるテーマ 36 **関 数 ⑤：文 章 題**

三角形の面積の公式を用いて等式を作る。

〔変域〕➡ 数検でるでるテーマ 30 **関 数 ❷：$y = ax$ のグラフ**

ある変数のとりうる値の範囲を，その変数の変域という。

グラフをかいてみて，yの最も大きい値と最も小さい値を調べる。

考え方

(18) 三角形ABPの面積をxで表してみよう。

(19) BPの長さについて考え，xの変域を求めよう。次にxとyの関係式よりグラフをかいてみよう。

解答例

⒅　三角形 ABP の面積は,

$$\frac{1}{2} \times \mathrm{BP} \times \mathrm{AC}$$

で表される。よって,

$$y = \frac{1}{2} \times x \times 5$$

$$y = \frac{5}{2}x$$ 答

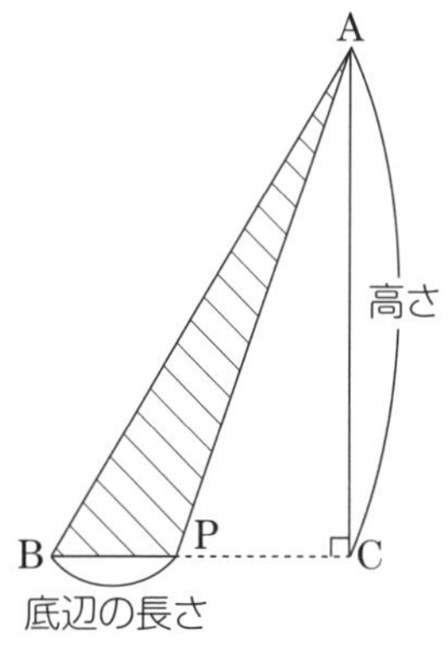

⒆　点 P は辺 BC 上を点 B から点 C まで動くから,

BP の長さは,

0 cm から 3 cm まで

の値をとる。よって,

$$0 \leqq x \leqq 3$$

⒅で求めた $y = \frac{5}{2}x$ のグラフをかいてみると右の図のようになる。

よって,

$$x = 3 \text{ のとき } y = \frac{15}{2}, \quad x = 0 \text{ のとき } y = 0$$

であるから, y の変域は,

$$0 \leqq y \leqq \frac{15}{2}$$ 答

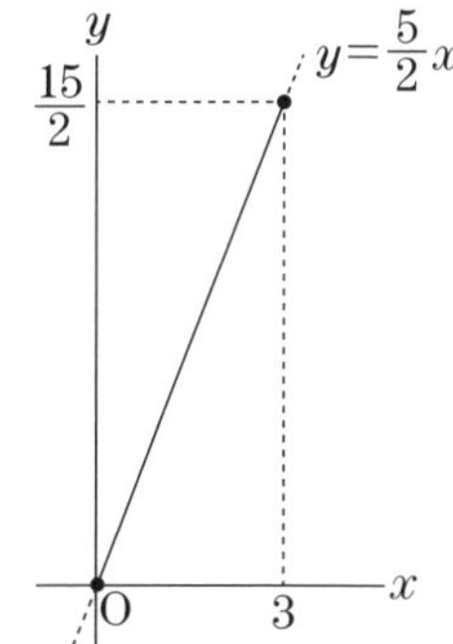

1 g，2 g，4 g，8 g，16 g，32 g，64 g の 7 種類のおもりが 1 つずつあります。ある物体の重さをこれら 7 種類のおもりの組み合わせで表すことにします。これについて，かずひろくんとまゆみさんが次のようなやりとりをしています。

かずひろくん
「50 g の重さを表すには，1 g と 2 g と 4 g と 8 g と 16 g と…，あれ？表せないね。」

まゆみさん
「重いおもりから考えてみるのはどうかな？まず，50 g より重い 64 g のおもりは使わない。次に重い 32 g のおもりを選ぶと，残りが 18 g ね。18 g より軽い 16 g のおもりを選ぶと，残りは 2 g になるね。ということは，最後に 2 g を選べばいいね。」

2 人のやりとりをもとに，次の問いに答えなさい。

（整理技能）

(20) おもりの組み合わせはどのように選ぶとうまいくいくと予想できますか。下の①，②のうちから一つ選び，その番号で答えなさい。

① 軽いほうから順におもりを選んでいく。

② 重いほうから順におもりを選んでいく。

(21) 29 g の重さを表すには，どのおもりを選べばよいですか。

確認 ▶▶ （整理技能）問題へのアプローチ

問題文から法則・きまりを見つけよう。

その内容を数式や数学的な表現に言い換えることが重要である。

考え方

(20) かずひろくんとまゆみさんのやりとりを読んで，きまりを見つけよう。

(21) (20)で求めた答えをもとに実際に行なってみよう。

⑳ かずひろくんとまゆみさんのやりとりのなかで，
　かずひろくんは軽いほうから選んでみて失敗し，
　まゆみさんは重いほうから選んでみて成功している。
2 人のやりとりから
　② 重いほうから順におもりを選んでいく
ほうがうまくいくと予想できる。
よって，うまくいく選び方は②　答

㉑ ⑳の結果より，29 g の重さを表すには
まず 16 g のおもりを選ぶと残りは $29-16=13$(g)
次に 8 g のおもりを選ぶと残りは $13-8=5$(g)
次に 4 g のおもりを選ぶと残りは $5-4=1$(g)
最後に 1 g のおもりを選んで終わりとなる。
よって，選ぶおもりは，
　1 g，4 g，8 g，16 g　答
の 4 つである。

１次：計算技能検定

1 問題

次の計算をしなさい。

(1)　$-9+5-(-1)$

確認 ▶▶ 第１章 かっこを含んだ計算

数検でるでるテーマ 1 正負の数のたし算・ひき算

手順を確認しておこう。

手順1 かっこをはずす。

$+(+a)=+a$,　$+(-a)=-a$,　$-(+a)=-a$,　$-(-a)=+a$

手順2 正の数・負の数でそれぞれまとめる。

考え方

まずは(かっこ)をはずすことからはじめる。

$-(-1)=+1$

解答例

$-9+5-(-1)$　　$-(-1)=+1$

$=-9+5+1$　　正の数・負の数でそれぞれまとめる

$=-9+6$

$=\underline{-3}$　答

1 問題

次の計算をしなさい。

(2) $5 + 4 \times (-3)$

確認 ▶▶ 第1章 四則(たし算・ひき算・かけ算・わり算)の計算

数検でるでるテーマ 2 **正負の数のかけ算・わり算**

手順を確認しておこう。

手順① かけ算・わり算の計算を行なう。

手順② たし算・ひき算の計算を行なう。

数検でるでるテーマ 1 **正負の数のたし算・ひき算**で学んだことも使う。注意しよう。

考え方

まず，$4 \times (-3)$（かけ算）の計算を行なう。
符号にも注意しよう。

解答例

$5 + 4 \times (-3)$　かけ算が先
$= 5 + (-12)$　かっこをはずす
$= 5 - 12$
$= -7$　答

1 問題

次の計算をしなさい。

(3)　$(-3)^2+(-2)^3$

確認 ▶▶ 第１章 累　乗

数検でるでるテーマ 3 累乗の計算

手順を確認しておこう。

手順1 累乗の計算を行なう。

手順2 かけ算・わり算の計算を行なう。

手順3 たし算・ひき算の計算を行なう。

また，

$(-a)^2=(-a)\times(-a)=+a^2$ ⬅結果は「+」プラス

$(-a)^3=(-a)\times(-a)\times(-a)=-a^3$ ⬅結果は「−」マイナス

のように何乗しているかによって符号が変わる。注意しよう。

考え方

まず，$(-3)^2$，$(-2)^3$ の累乗の計算を行なう。
$(-3)^2$，$(-2)^3$ ともに計算は符号に注意しよう。

解答例

$(-3)^2+(-2)^3$
$=9+(-8)$ ← 累乗の計算が先
$=9-8$ ← かっこをはずす
$=\underline{1}$ 答

問題

次の計算をしなさい。

(4)　$-\frac{3}{10}-1.2^2\times\left(-\frac{5}{3}\right)$

確認 ▶▶ 第1章 **累乗と四則の計算**

最初に何を行なうべきかをしっかりと考えてから計算しよう。

数検でるでるテーマ 1 **正負の数のたし算・ひき算**

数検でるでるテーマ 2 **正負の数のかけ算・わり算**

数検でるでるテーマ 3 **累乗の計算**

上の3つのテーマの定着ができているかどうかの力だめし。

考え方

小数と分数が混じっている計算。

まず，$1.2=\frac{12}{10}$ と分数に直してから計算するとうまくいく。

あとは 数検でるでるテーマ 3 **累乗の計算** で学んだことを実践しよう。

解答例

$-\frac{3}{10}-1.2^2\times\left(-\frac{5}{3}\right)$　　$1.2=\frac{12}{10}$　小数を分数に直す

$=-\frac{3}{10}-\left(\frac{12}{10}\right)^2\times\left(-\frac{5}{3}\right)$　　約分する

$=-\frac{3}{10}-\left(\frac{6}{5}\right)^2\times\left(-\frac{5}{3}\right)$　　累乗の計算が先

$=-\frac{3}{10}-\frac{36}{25}\times\left(-\frac{5}{3}\right)$　　次にかけ算　$\frac{36}{25}\times\left(-\frac{5}{3}\right)=-\frac{12}{5}$

$=-\frac{3}{10}-\left(-\frac{12}{5}\right)$　　かっこをはずす

$=-\frac{3}{10}+\frac{12}{5}$　　通分する

$=-\frac{3}{10}+\frac{24}{10}$

$=\frac{21}{10}$　答

1 問題

次の計算をしなさい。

(5)　$\sqrt{45}+\sqrt{5}-\sqrt{20}$

確認 ▶▶ 第１章　根号を含む式の計算

数検でるでるテーマ 4　平方根❶：平方根の計算

根号の中の数はできるだけ小さくしてから計算する。

考え方

$\sqrt{45}$, $\sqrt{20}$ は根号の中の数をできるだけ小さくしよう。

$45=9\times5=3^2\times5,\ 20=4\times5=2^2\times5$

がヒント。

解答例

$\sqrt{45}+\sqrt{5}-\sqrt{20}$

$\sqrt{45}=\sqrt{9\times5}=\sqrt{9}\times\sqrt{5}=3\sqrt{5}$
$\sqrt{20}=\sqrt{4\times5}=\sqrt{4}\times\sqrt{5}=2\sqrt{5}$

$=3\sqrt{5}+\sqrt{5}-2\sqrt{5}$

正の数・負の数でまとめる

$=4\sqrt{5}-2\sqrt{5}$

$=2\sqrt{5}$　答

1 問題

次の計算をしなさい。

(6) $\dfrac{3}{\sqrt{2}}-\sqrt{2}(3-\sqrt{8})$

確認 ▶▶ 第1章 分母の有理化

数検でるでるテーマ 6 **平方根③：分母の有理化**

分母に無理数$\sqrt{■}$を含む分数があるときはまず，$\sqrt{■}$を含まない分母にすることからはじめる。

考え方

$\dfrac{3}{\sqrt{2}}$の分母の有理化からはじめる。分母が$\sqrt{2}$だから，$\dfrac{\sqrt{2}}{\sqrt{2}}$をかけてから計算する。

解答例

$\dfrac{3}{\sqrt{2}}$については，分母を有理化して，

$$\frac{3}{\sqrt{2}}\boxed{\times\frac{\sqrt{2}}{\sqrt{2}}}=\frac{3\sqrt{2}}{2}$$

×1となっている

したがって，与えられた数式は，

$$\begin{aligned}\frac{3}{\sqrt{2}}-\sqrt{2}(3-\sqrt{8}) &= \frac{3\sqrt{2}}{2}-\sqrt{2}(3-\sqrt{8})\\ &= \frac{3\sqrt{2}}{2}-3\sqrt{2}+\sqrt{16}\\ &= \frac{3\sqrt{2}}{2}-3\sqrt{2}+4\\ &= 4+\left(\frac{3}{2}-3\right)\sqrt{2}\\ &= 4-\frac{3\sqrt{2}}{2}\end{aligned}$$

答

$\sqrt{16}=\sqrt{4^2}=4$

$\sqrt{2}$でくくる

1 問題

次の計算をしなさい。

(7) $-4(x-2)+3(2x+3)$

確認 ▶▶ 第１章 文字式の計算

数検でるでるテーマ 8 **文字式の計算❶：係数が整数**

手順を確認しておこう。

手順 1 分配法則を使ってかっこをはずす。

手順 2 同類項をまとめる。

考え方

かっこをはずすときの符号に注意しよう。

解答例

$-4(x-2)+3(2x+3)$

$(-4)\times(-2)=+8$

$=-4x+8+6x+9$

$=-4x+6x+8+9$

$=\underline{2x+17}$ 答

1 問題

次の計算をしなさい。

(8) $0.6(4x-3)-1.4(3x+2)$

確認 ▶▶ 第1章 小数を扱う文字式の計算

数検でるでるテーマ 9 **文字式の計算❷：係数が小数・分数**

「小数のたし算・ひき算・かけ算」の計算は注意しよう。

考え方

小数 0.6 と 1.4 を使った計算に注意しよう。
また，分配法則を使ってかっこをはずしてからのたし算・ひき算にも注意しよう。

解答例

$0.6(4x-3)-1.4(3x+2)$

分配法則
$(-1.4)\times(+2)=-2.8$
符号に注意

$=2.4x-1.8-4.2x-2.8$

$=2.4x-4.2x-1.8-2.8$

同類項をまとめる

$=-1.8x-4.6$ 答

1 問題

次の計算をしなさい。

(9) $4(3x+2y)-2(-x+2y)$

確認 ▶▶ 第１章 2種類の文字を使った文字式の計算

数検でるでるテーマ 10 **文字式の計算❸：文字の種類が２種類**

「それぞれの文字について同類項をまとめる」ことが重要。

考え方

かっこをはずしてから，x，y をそれぞれの文字についてまとめよう。

解答例

$4(3x+2y)-2(-x+2y)$

$=12x+8y+2x-4y$

分配法則
$(-2)\times(+2y)=-4y$
符号に注意

$=12x+2x+8y-4y$

x，y それぞれについてまとめる

$=\underline{14x+4y}$ 答

1 問題

次の計算をしなさい。

(10) $-\dfrac{-x+2y}{6}+\dfrac{3x-y}{2}$

確認 ▶▶ 第1章 **分数式のたし算・ひき算**

数検でるでるテーマ 11 **文字式の計算④：分　数**

分数式を含む文字式の計算では**通分**するときに注意が必要。

通分とはそれぞれの分母の最小公倍数に分母をそろえることである。

考え方

分母が 6 と 2 だから，最小公倍数は 6。
この数に分母をそろえよう。

解答例

$$-\frac{-x+2y}{6}+\frac{3x-y}{2}$$

分母は 6 と 2 の
最小公倍数 6 にそろえる

$$=-\frac{-x+2y}{6}+\frac{3(3x-y)}{6}$$

$$=\frac{-(-x+2y)+3(3x-y)}{6}$$

分配法則
$(-1)\times(+2y)=-2y$
符号に注意

$$=\frac{x-2y+9x-3y}{6}$$

$$=\frac{x+9x-2y-3y}{6}$$

x，y それぞれについて
まとめる

$$=\frac{10x-5y}{6}$$ 答

1 問題

次の計算をしなさい。

(11) $-20x^5y^3 \div 4xy^2$

確認 ▶▶ 第１章 **文字式のわり算**

数検でるでるテーマ 12 **文字式の計算⑤：かけ算・わり算**

文字式のわり算では「分数の形に直してから計算する」ことが重要である。

文字式でわる ➡ 逆数をかける

考え方

$\div 4xy^2$ を $\times \dfrac{1}{4xy^2}$ として計算しよう。

解答例

$-20x^5y^3 \div 4xy^2$

逆数をかける

$= -20x^5y^3 \times \dfrac{1}{4xy^2}$

$= -\dfrac{20x^5y^3}{4xy^2}$

約分する

$= -5x^4y$ 答

1 問題

次の計算をしなさい。

(12)　$\left(\frac{5}{3}x^2y\right)^2 \div (-5x^3y^4) \times 9xy^3$

確認 ▶▶ 第1章

文字式のかけ算・わり算

数検でるでるテーマ 12 **文字式の計算❺：かけ算・わり算**

学んだことをすべて使う問題である。

「累乗の計算」,「文字式のかけ算・わり算」の2つとも理解していないと解けない。

難しいが，がんばろう。

考え方

まず $\left(\frac{5}{3}x^2y\right)^2$ のかっこをはずすことからはじめる。

次に $\div (-5x^3y^4)$ を $\times \frac{1}{-5x^3y^4}$ として計算する。

解答例

$$\left(\frac{5}{3}x^2y\right)^2 \div (-5x^3y^4) \times 9xy^3$$

かっこをはずす
$(x^2)^2 = x^2 \times x^2 = x^4$

$$= \frac{25}{9}x^4y^2 \div (-5x^3y^4) \times 9xy^3$$

逆数をかける

$$= \frac{25}{9}x^4y^2 \times \frac{1}{-5x^3y^4} \times 9xy^3$$

$$= \frac{25x^4y^2 \times 9xy^3}{9 \times (-5x^3y^4)}$$

約分する

$$= -5x^2y$$ 答

2
問題

次の式を展開して計算しなさい。

⒀ $(x+2)(x-2)+(x-1)(2x-3)$

確認 ▶▶ 第１章 式の展開（和と差の積，たすきがけ）

数検でるでるテーマ 14 式の展開❷：$(x+a)(x-a)$

公式

$$(x+a)(x-a)=x^2-a^2$$

を使う。

数検でるでるテーマ 15 式の展開❸：$(ax+b)(cx+d)$

公式

$$(ax+b)(cx+d)=acx^2+(ad+bc)x+bd$$

を使う。

考え方

公式を使って展開し，同類項をまとめる。

解答例

$$(x+2)(x-2)+(x-1)(2x-3)$$

公式を使う
和と差の積，たすきがけ

$$=x^2-2^2+1\times 2x^2+\{1\times(-3)+(-1)\times 2\}x+(-1)\times(-3)$$

$$=x^2-4+2x^2-5x+3$$

$$=x^2+2x^2-5x-4+3$$

$$=3x^2-5x-1$$ 答

2
問題

次の式を展開して計算しなさい。

(14)　$(2x+y)^2$

確認 ▶▶ 第1章　式の展開（平方）

数検でるでるテーマ 13　**式の展開❶：$(ax+b)^2$**

公式

$$(ax+b)^2 = a^2x^2 + 2abx + b^2$$

を使う。

考え方

展開したときの xy の係数は $2 \times 2x \times y$ より 4 となる。また文字も x と y の 2 つが使われていることに注意しよう。

解答例

$(2x+y)^2$

$= (2x)^2 + 2 \times 2x \times y + y^2$

$= \underline{4x^2 + 4xy + y^2}$　答

3 問題

次の式を因数分解しなさい。

⒂ $x^2 - 6x - 16$

確認 ▶▶ 第１章 **因数分解（乗法公式）**

数検でるでるテーマ 18 **因数分解❸：$x^2 + (a+b)x + ab$**

公式

$$x^2 + (a + b)x + ab = (x + a)(x + b)$$

を使う。

考え方

xの係数－6は＋2と－8の和, 定数項－16は＋2と－8の積と考えることができる。

解答例

$$x^2 - 6x - 16$$

$$= x^2 + \{2 + (-8)\}x + 2 \times (-8)$$

⬅－6は＋2と－8の和
－16は＋2と－8の積

$$= (x + 2)(x - 8)$$ 答

次の式を因数分解しなさい。

(16) $2x^2 - 12x + 18$

確認 ▶▶ 第1章 因数分解（総合問題）

数検でるでるテーマ 19 **因数分解④：総合問題**

手順を確認しておこう。

- 手順1 ある文字について整理する。
- 手順2 共通因数はくくり出す。
- 手順3 公式を使う。

考え方

共通因数である2をくくり出してから考える。そのあと，どの因数分解の公式を使うのかを考えよう。

解答例

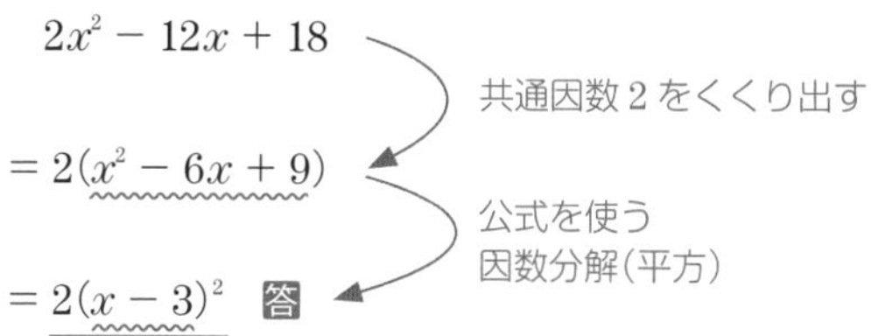

4 問題

次の方程式を解きなさい。

(17)　$-x-5=2x+9$

確認 ▶▶ 第１章　1次方程式の解き方

数検でるでるテーマ 20　1次方程式❶：係数が整数

手順を確認しておこう。

手順①　x(文字)はすべて左辺，数字はすべて右辺に集め，まとめる。

手順②　x(文字)の係数で両辺をわる。

考え方

$2x$ は左辺に，-5 は右辺に移項して，まとめよう。
あとは x の係数で両辺をわればよい。

解答例

$$-x-5=2x+9$$

（$2x$ は左辺に，-5 は右辺に移項する）

$$-x-2x=9+5$$

（まとめる）

$$-3x=14$$

（両辺を -3 でわる）

$$x=-\frac{14}{3}$$ 答

4 問題

次の方程式を解きなさい。

(18) $\dfrac{3x-2}{6}=\dfrac{x+5}{8}$

確認 ▶▶ 第1章 **小数・分数の係数を整数に直す**

数検でるでるテーマ 21 **1次方程式❷：係数が小数・分数**

方程式の両辺を何倍かして，**小数・分数の係数を整数に直して**から解く。

考え方

分母に6と8がある。6と8の最小公倍数は24なので，方程式の両辺を24倍してから解くようにしよう。

解答例

$$\frac{3x-2}{6}=\frac{x+5}{8}$$

両辺を24倍する

$$4(3x-2)=3(x+5)$$

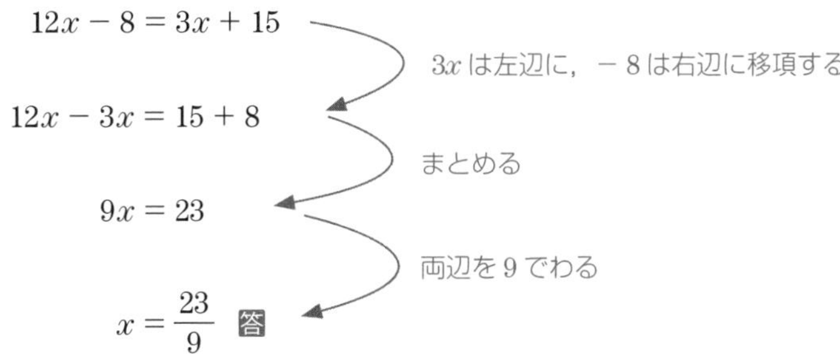

次の方程式を解きなさい。

(19) $-25x^2 + 8 = 0$

確認 ▶▶ 第1章 平方根の解を求める

数検でるでるテーマ 26 2次方程式❶：$ax^2 - c = 0$

$ax^2 - c = 0$ の形の2次方程式を解くときは，$-c$ を移項して，

$$ax^2 = c$$

両辺を a でわって，

$$x^2 = \frac{c}{a}$$

よって，

$$x = \pm\sqrt{\frac{c}{a}}$$ ⬅ $\frac{c}{a}$ の平方根

考え方

「$x^2 =$(数字)」の形をつくろう。あとは平方根を求めるだけだが，符号「±」を忘れないようにしよう。

解答例

$$-25x^2 + 8 = 0$$

＋8を右辺に移項する

$$-25x^2 = -8$$

$$x^2 = \frac{8}{25}$$ ⬅「$x^2 =$(数字)」の形をつくる

よって，

$$x = \pm\frac{\sqrt{8}}{5}$$

$$= \pm\frac{2\sqrt{2}}{5}$$ 答 ⬅「±」を忘れずにかく $\sqrt{8} = \sqrt{4 \times 2} = 2\sqrt{2}$

問題

次の方程式を解きなさい。

(20)　$x^2 + x - 4 = 0$

確認 ▶▶ 第1章

解の公式（2次方程式）

数検でるでるテーマ 27 **2次方程式❷：$ax^2+bx+c=0$**

手順を確認しておこう。

手順1 左辺 $ax^2 + bx + c$ が因数分解できるなら因数分解を行なう。

手順2 **解の公式**を使う。

$ax^2 + bx + c = 0$ の解は,

$$x = \frac{-b \pm \sqrt{b^2 - 4ac}}{2a}$$

考え方

左辺の $x^2 + x - 4$ はきれいな形での因数分解はできなさそう。解の公式を使おう。

解答例

$x^2 + x - 4 = 0$　⬅左辺はきれいな形での因数分解はできなさそう

解の公式を使って,

$$x = \frac{-1 \pm \sqrt{1^2 - 4 \times 1 \times (-4)}}{2 \times 1}$$

$$= \frac{-1 \pm \sqrt{17}}{2}$$ 答

5 問題

次の連立方程式を解きなさい。

(21) $\begin{cases} 4x - 3y = 13 \\ y = -x + 12 \end{cases}$

確認 ▶▶ 第１章 **連立方程式の解き方**

数検でるでるテーマ 23 **連立方程式❶：係数が整数**

連立方程式を解くための２つの方法は

方法① 加減法　　方法② 代入法

である。どちらを使うのかを適切に判断しよう。

考え方

$y = -x + 12$ は y についての式である。

$4x - 3y = 13$ に代入して，y を消去しよう。

解答例

$\begin{cases} 4x - 3y = 13 & \cdots\cdots① \\ y = -x + 12 & \cdots\cdots② \end{cases}$

②を①に代入して，　⬅代入法

$4x - 3(-x + 12) = 13$

$4x + 3x - 36 = 13$

$4x + 3x = 13 + 36$

$7x = 49$

$x = 7$

$x = 7$ を②に代入して，

$y = -7 + 12$

$y = 5$

よって，

$x = 7,\ y = 5$ 答

問題

次の連立方程式を解きなさい。

(22) $\begin{cases} 0.4x + 0.6y = -1.4 \\ -\dfrac{1}{2}x + \dfrac{1}{6}y = \dfrac{5}{6} \end{cases}$

確認 ▶▶ 第1章 **係数が小数・分数の方程式**

数検でるでるテーマ 24 **連立方程式❷：係数が小数・分数**

係数が小数や分数のときの方程式を扱う。

方程式の両辺を何倍かして，係数を整数に直してから

方法1 加減法　方法2 代入法

のどちらかを使って解こう。

考え方

$0.4x + 0.6y = -1.4$ は両辺を5倍する。

$-\dfrac{1}{2}x + \dfrac{1}{6}y = \dfrac{5}{6}$ は分母の最小公倍数6を両辺にかける。

解答例

$\begin{cases} 0.4x + 0.6y = -1.4 & \cdots\cdots① \\ -\dfrac{1}{2}x + \dfrac{1}{6}y = \dfrac{5}{6} & \cdots\cdots② \end{cases}$

①の両辺を5倍して，

$2x + 3y = -7$ ……①′

②の両辺を6倍して， ⬅6は分母にある2と6の最小公倍数

$-3x + y = 5$ ……②′

①′−②′×3を計算すると， ⬅加減法

$$\begin{array}{rr} & 2x + 3y = -7 \\ -) & -9x + 3y = 15 \\ \hline & 11x = -22 \\ & x = -2 \end{array}$$

$x = -2$ を②′に代入して

$-3 \times (-2) + y = 5$

$6 + y = 5$

$y = -1$

よって，

$x = -2$, $y = -1$ 答

6 問題

次の問いに答えなさい。

(23)　$t = 12$ のとき，$-\frac{3}{8}t + 4$ の値を求めなさい。

確認 ▶▶ 第1章　**式の値**

数検でるでるテーマ　7　**式の値**

文字●を使った数式，すなわち●に値を代入して計算する問題。

考え方

$-\frac{3}{8}t + 4$ は t についての文字式。

計算ミスに注意しよう。

解答例

$-\frac{3}{8}t + 4$ に $t = 12$ を代入すると，

$$
\begin{aligned}
&-\frac{3}{8} \times 12 + 4 \\
&= -\frac{36}{8} + 4 \\
&= -\frac{9}{2} + 4 \\
&= -\frac{9}{2} + \frac{8}{2} \\
&= \underline{-\frac{1}{2}}
\end{aligned}
$$

答

問題

次の問いに答えなさい。

(24) 大小2個のサイコロを同時に振るとき，出る目の数の和が9となる確率を求めなさい。ただし，サイコロの目は1から6まであり，どの目が出ることも同様に確からしいものとします。

確認 ▶▶ 第4章 確率を求める

〔サイコロの問題〕➡ 数検でるでるテーマ 60 サイコロの問題

樹形図をかいても確率を求められるが，サイコロを2個振るという問題なので，次の表をかいて確率を求めるほうがわかりやすい。

大＼小	1	2	3	4	5	6
1						
2						
3						
4						
5						
6						

⬅マス目には，2個のサイコロの目の和をかいたり，積をかいたりする

考え方

36マスの表をかく。マス目には2個のサイコロの目の和をかこう。

⬇解答例

表をかいて考える。和が9となるときを調べる。

2個のサイコロの目の和が9となる場合の数は4通り(○印)。

よって，求める確率は，

$$\frac{4}{36}=\underline{\frac{1}{9}}$$ 答

大＼小	1	2	3	4	5	6
1	2	3	4	5	6	7
2	3	4	5	6	7	8
3	4	5	6	7	8	(9)
4	5	6	7	8	(9)	10
5	6	7	8	(9)	10	11
6	7	8	(9)	10	11	12

6
問題

次の問いに答えなさい。

(25)　等式 $5a-2b=-7$ を a について解きなさい。

確認 ▶▶ 第1章　●について解く

数検でるでるテーマ 22　**等式の変形：●について解く**

「●について解く」とは，等式を変形して，

「●＝～」

の形をつくることである。

考え方

$-2b$ を左辺から右辺に移項してから，a の係数 5 で両辺をわる。

解答例

$$5a-2b=-7$$

（$-2b$ を移項する）

$$5a=2b-7$$

（両辺を 5 でわる）

$$a=\frac{2b-7}{5}$$ 答

問題

次の問いに答えなさい。

(26) y は x に比例し，$x = 2$ のとき $y = -5$ です。$x = -4$ のときの y の値を求めなさい。

確認 ▶▶ 第2章 **関数（比例）**

数検でるでるテーマ 29 **関 数 ❶：$y = ax$，$y = ax^2$**

「y は x に比例する」➡「$y = ax$ と表せる」

比例定数 a を求め，y を x を用いて表すことが目標である。

考え方

まずは，$y = ax$ の式を求める。求めた式に x の値を代入して，y の値を求める。

解答例

y は x に比例するから，

$y = ax$ （a は 0 でない数）

と表せる。$x = 2$ のとき，$y = -5$ であるから，

$-5 = a \times 2$ ⬅ $x = 2$，$y = -5$ を代入する

$a = -\dfrac{5}{2}$ ⬅比例定数を求める

したがって，

$y = -\dfrac{5}{2}x$

$x = -4$ のときは，

$y = -\dfrac{5}{2} \times (-4)$ ⬅ $x = -4$ を代入する

$\underline{y = 10}$ 答

次の問いに答えなさい。

(27) y は x の２乗に比例し，$x=2$ のとき $y=1$ です。y を x を用いて表しなさい。

確認 ▶▶ 第２章 **関数（比例）**

数検でるでるテーマ 29 **関 数 ❶：$y=ax$，$y=ax^2$**

「y は x の２乗に比例する」➡「$y=ax^2$ と表せる」

考え方

y は x の２乗に比例するので，$y=ax^2$ と表せる。あとは条件を代入して，a の値を求めればよい。

解答例

y は x の２乗に比例するから，

$$y=ax^2 \quad (a \text{ は } 0 \text{ でない数})$$

と表せる。

$x=2$ のとき，$y=1$ であるから，

$$1=a\times 2^2$$ ⬅ $x=2$，$y=1$ を代入する

$$1=4a$$

$$a=\frac{1}{4}$$ ⬅比例定数を求める

したがって，

$$y=\frac{1}{4}x^2$$ 答

6 問題

次の問いに答えなさい。

(28) 正六角形の 1 つの内角の大きさは何度ですか。

確認 ▶▶ 第3章 **多角形**

数検でるでるテーマ 48 **多角形の性質**

n 角形の内角の和は,

$180^\circ \times (n-2)$

考え方

正六角形の内角の和は，$180^\circ \times (6-2)$で求められる。
正六角形の 1 つの内角の大きさは，内角の和を 6 でわって求める。

解答例

正六角形の内角の和は,

$180^\circ \times (6-2) = 720^\circ$

よって，1 つの内角の大きさは,

$720^\circ \div 6 = \underline{120^\circ}$ 答

問題

次の問いに答えなさい。

(29) 右の図で，$l /\!/ m$ のとき，$\angle x$ の大きさは何度ですか。

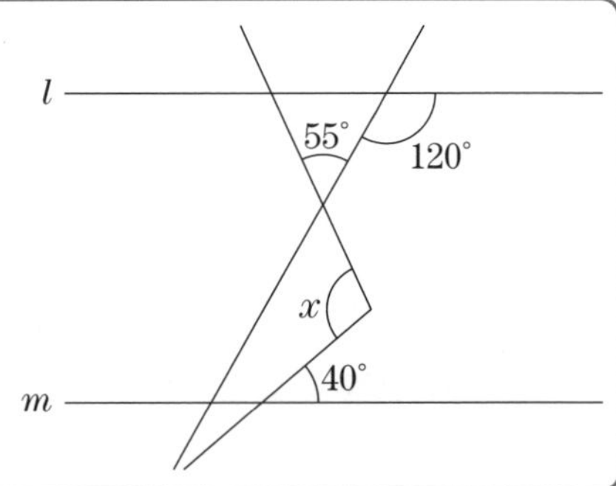

確認 ▶▶ 第３章 **平行線を使った問題**

数検でるでるテーマ 43 **平行線と角**

(1) 対頂角　　(2) 同位角，錯角

$l /\!/ m$ のとき，

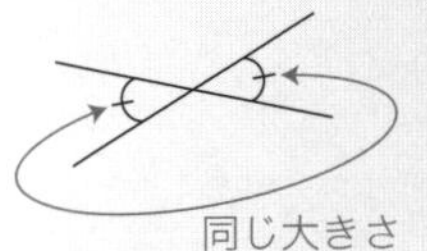

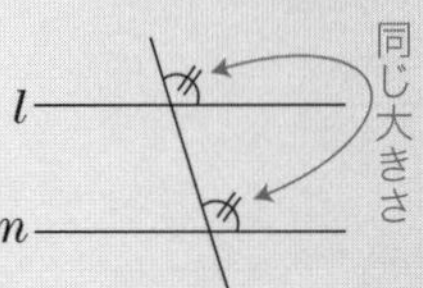

考え方

l，m に平行な直線をひいて，同位角や錯角の大きさが等しくなることを用いて $\angle x$ の大きさを求めよう。

平行線と角の性質のほか，三角形の性質も使うので注意しよう。

解答例

図のように l，m と平行となる直線 n をひく。

三角形の内角と外角の性質，錯角の関係より，図のように角の大きさが定まる。

よって，

$\angle x = 65^\circ + 40^\circ = \underline{105^\circ}$ 答

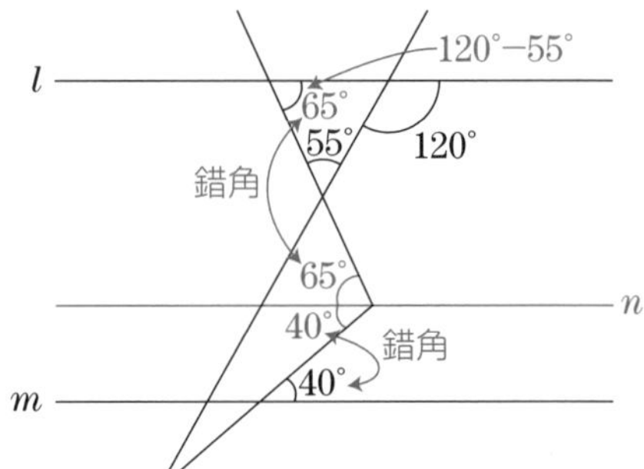

6 問題

次の問いに答えなさい。

(30) 右の図のように，4点A，B，C，Dが円Oの周上にあります。線分ACは円Oの直径で，∠BCA ＝ 65°のとき，∠xの大きさは何度ですか。

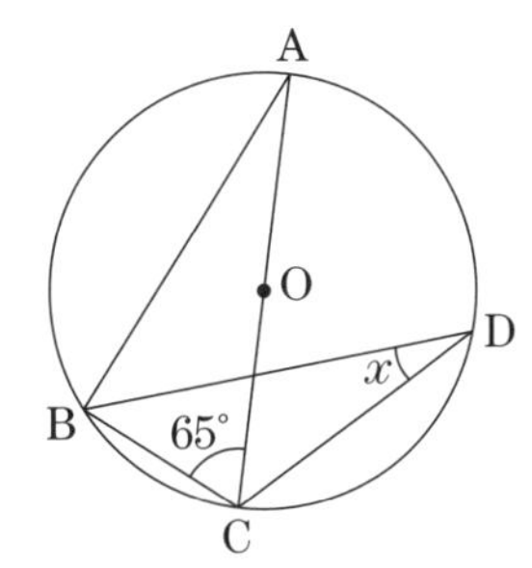

確認 ▶▶ 第3章 円周角，中心角

数検でるでるテーマ 45 円周角と中心角

(1) 円周角の定理

同じ長さの弧に対してできる円周角の大きさは等しい。

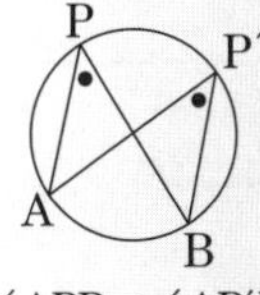

∠APB＝∠AP′B

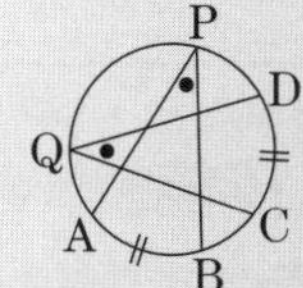

($\overset{\frown}{AB}$の長さ)＝($\overset{\frown}{CD}$の長さ)のとき
∠APB＝∠CQD

(2) 円周角は中心角の半分の大きさである。

考え方

円周角，中心角の関係を考えるのはもちろんだが，線分ACは円Oの直径なので，直径に対する円周角が90°になることも使おう。

解答例

線分ACは円Oの直径である。
直径に対する円周角は90°であるから，

∠ABC ＝ 90°

△ABCにおいて，

∠BAC ＝ 180° − 65° − 90° ＝ 25°

円周角の定理より，

∠x ＝∠BAC ＝ 25° 答

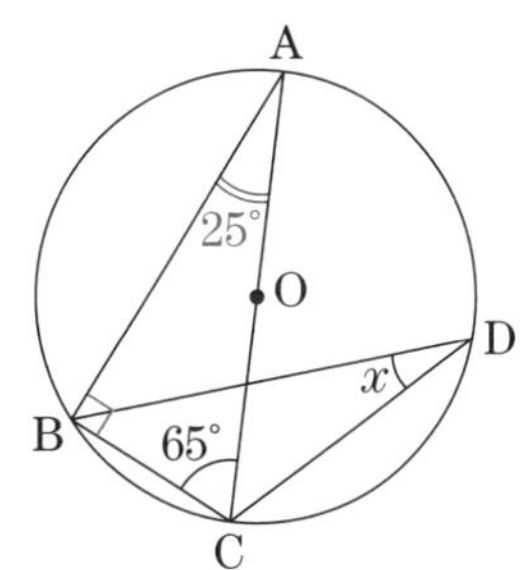

２次：数理技能検定

1
問題

かずひろくんは，友達に配るためにあめを用意しました。かずひろくんの友達の人数を x 人，用意したあめの個数を y 個として，次の問いに答えなさい。

(1)　1人に3個ずつ配ると，あめが2個あまりました。このとき，y を x を用いて表しなさい。　　　（表現技能）

(2)　1人に4個ずつ配ろうとしましたが，4人の友達には3個しか配れませんでした。このとき，y を x を用いて表しなさい。　　　（表現技能）

(3)　(1)，(2)のとき，かずひろくんの友達の人数と，用意したあめの個数を求めなさい。

確認 ▶▶ 第1章　（表現技能）へのアプローチ

〔等式をつくる〕 ➡ 数検でるでるテーマ 28　2次方程式❸：文 章 題

等式（「＝」イコールを使った式）をつくるときに，何の量や値で等式をつくるのかを文章をよく読んで考えよう。

〔連立方程式を解く〕 ➡ 数検でるでるテーマ 23　連立方程式❶：係数が整数

解くときの方法を確認しておこう。

方法1　**加減法**

方法2　**代入法**

考え方

(1)，(2)の問題では x と y を用いた方程式をつくる。
(3)の問題では(1)，(2)でつくった2つの方程式を連立して，x と y の値を求めよう。

(1)　友達に配ったあめは全部で $3x$ 個，あまったあめは 2 個，用意したあめは y 個であるから，

$y = 3x + 2$　答

(2)　x 人の友達のうち，4 人には 3 個ずつ，$(x - 4)$ 人には 4 個ずつ配ったことになる。用意したあめは y 個であるから，

$y = 3 \times 4 + 4 \times (x - 4)$
$y = 12 + 4x - 16$
$y = 4x - 4$　答

(3)　(1)より　$y = 3x + 2$　……①
(2)より　$y = 4x - 4$　……②
①を②に代入して，y を消去する。
⬆①，②ともに「$y =$～」の形なので代入法がよい

$3x + 2 = 4x - 4$
$3x - 4x = -4 - 2$
$-x = -6$
$x = 6$

$x = 6$ を①に代入して，

$y = 3 \times 6 + 2$
$y = 18 + 2$
$y = 20$

よって，

友達の人数は 6 人，あめの個数は 20 個　答

予想問題　解答・解説　第1回　第2回

2 問題

次の問いに単位をつけて答えなさい。ただし，円周率は π とします。 (測定技能)

(4) 半径が 2 cm，中心角が 45° のおうぎ形の面積は何 cm^2 ですか。

(5) 半径が 4 cm，中心角が 30° のおうぎ形の弧の長さは何 cm ですか。

確認 ▶▶ 第3章 (測定技能)問題へのアプローチ

〔おうぎ形の面積・弧の長さ〕 ➡ 数検でるでるテーマ 44 円・おうぎ形

半径を r，中心角を $a°$ とする。(r，a は正の数)

❶ **面積** $\pi r^2 \times \dfrac{a}{360}$ (ただし，π は円周率)

❷ **弧の長さ** $2\pi r \times \dfrac{a}{360}$ (ただし，π は円周率)

考え方

(4) おうぎ形における面積の公式を使う。$r = 2$(cm)，$a = 45$ を代入しよう。

(5) おうぎ形における弧の長さの公式を使う。$r = 4$(cm)，$a = 30$ を代入しよう。

(4) 面積の公式を使って,

$$\pi \times 2^2 \times \frac{45}{360}$$

$$= \pi \times 4 \times \frac{1}{8}$$

$$= \frac{\pi}{2}$$

よって，面積は,

$\frac{\pi}{2}$ cm^2 答

(5) 弧の長さの公式を使って,

$$2\pi \times 4 \times \frac{30}{360}$$

$$= 2\pi \times 4 \times \frac{1}{12}$$

$$= \frac{2}{3}\pi$$

よって，弧の長さは,

$\frac{2}{3}\pi$ cm 答

予想問題 解答・解説 第1回

予想問題 解答・解説 第2回

3 問題

箱の中に，1，2，3，4，5 の数の書かれた球が 1 つずつ入っています。この箱の中から球を順番に 2 個取り出すとき，次の問いに答えなさい。

(6) 取り出した 2 個の球の数がどちらも偶数である確率を求めなさい。

(7) 取り出した 2 個の球の数の少なくとも 1 つが偶数である確率を求めなさい。

(8) 1 回めに取り出した球の数が 2 回めに取り出した球の数より小さくなる確率を求めなさい。

確認 ▶▶ 第 4 章 確率を求める

〔確率〕➡ 数検でるでるテーマ 59 **確率を求める**

ことがら A の起こる確率 p は，

$$p = \frac{(\text{ことがら} A \text{の起こる場合の数})}{(\text{起こりうるすべての場合の数})}$$

〔樹形図を使う〕➡ 数検でるでるテーマ 58 **樹形図をかく**

樹形図をかいてみるとわかりやすい。

考え方

樹形図をかいてから考えてみよう。

(7) 「少なくとも 1 つが偶数」

➡「1 つは偶数，1 つは奇数」または「2 つとも偶数」ということ。

解答例

樹形図をかく。

起こりうるすべての場合の数は 20 通りである。

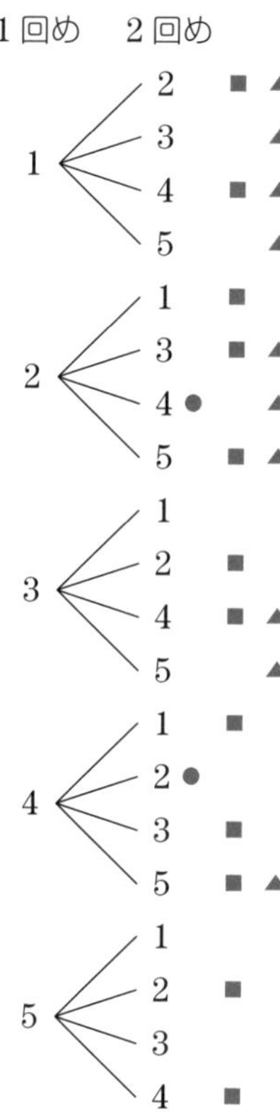

(6) 樹形図より，1 回め，2 回めとも偶数となるのは，●印がついた 2 通り。

よって，求める確率は，

$$\frac{2}{20}=\underline{\frac{1}{10}}$$ 答

(7) 樹形図より，1 回め，2 回めのうちどちらか 1 つは偶数で，もう 1 つが奇数となるのは，■印がついた 12 通り。

1 回め，2 回めともに偶数となるのは(6)で求めた 2 通りであるから，合わせて 14 通り。

よって，求める確率は，

$$\frac{14}{20}=\underline{\frac{7}{10}}$$ 答

(8) (1 回めの数)<(2 回めの数)となるのは，▲印がついた 10 通り。

よって，求める確率は，

$$\frac{10}{20}=\underline{\frac{1}{2}}$$ 答

右の度数分布表は，さきこさんのクラスの生徒20人に対して実施された数学のテストの結果をまとめたものです。これについて，次の問いに答えなさい。
（統計技能）

数学のテストの結果

階級(点)	度数(人)
0 以上～ 10 未満	1
10 以上～ 20 未満	0
20 以上～ 30 未満	3
30 以上～ 40 未満	5
40 以上～ 50 未満	3
50 以上～ 60 未満	3
60 以上～ 70 未満	1
70 以上～ 80 未満	2
80 以上～ 90 未満	1
90 以上～ 100 未満	1
合計	20

(9) 40 点以上 50 点未満の階級までの累積度数は何人ですか。

(10) 20 点以上 30 点未満の階級の相対度数を求めなさい。

確認 ▶▶ 第5章 （統計技能）問題へのアプローチ

〔累積度数〕 ➡ 数検でるでるテーマ 61 **累積度数，相対度数**

累積度数…最小の階級からある階級までの度数を加えたもの

〔相対度数〕 ➡ 数検でるでるテーマ 61 **累積度数，相対度数**

相対度数は $\dfrac{\text{その階級の度数}}{\text{度数の合計}}$

度数分布表から必要なデータを読み取ろう。

解答例

(9) 40 点以上 50 点未満の階級までの累積度数は,

$$1 + 0 + 3 + 5 + 3 = 12$$

よって,

12 人 答

(10) 20 点以上 30 点未満の階級の相対度数は,

$$\frac{3}{20} = 0.15$$

0.15 答

5
問題

次の問いに答えなさい。

⑾ n を正の整数とします。

$$3\sqrt{2} < n < 2\sqrt{17}$$

となるような n の値をすべて求めなさい。

⑿ m を $1 \leqq m \leqq 20$ を満たす整数とします。

$$\sqrt{3m}$$

が正の整数となるような m の値をすべて求めなさい。

確認 ▶▶ 第１章 根号を使った問題へのアプローチ

〔大小関係〕 ➡ 数検でるでるテーマ 5 平方根❷：平方根の大小

根号を含む数の大小を比べるときは，

方法1 $\sqrt{a}$ を２乗して，a と変形する。

方法2 $a\sqrt{b} = \sqrt{a^2 \times b}$ として，根号の中に数を入れる。

などの方法を使ってみよう。

考え方

⑾ $3\sqrt{2}$ の３，$2\sqrt{17}$ の２を根号の中に入れてから考えてみよう。

⑿ m は整数なので，$\sqrt{\ }$（根号）がなくなれば正の整数となる。そのためには根号の中の数が $4^2 = 16$ や $5^2 = 25$ のように平方数にならないといけない。

さらに，$3m$ は３の倍数であることにも注意しよう。

(11) $3\sqrt{2} < n < 2\sqrt{17}$ は,

$$3\sqrt{2} = \sqrt{3^2 \times 2} = \sqrt{9 \times 2} = \sqrt{18}$$

$$2\sqrt{17} = \sqrt{2^2 \times 17} = \sqrt{4 \times 17} = \sqrt{68}$$

より,

$$\sqrt{18} < n < \sqrt{68}$$

となる。これをみたす正の整数 n は,

$$\sqrt{25} = 5,\ \sqrt{36} = 6,\ \sqrt{49} = 7,\ \sqrt{64} = 8$$

⬆ 18 より大きく 68 より小さい平方数を探す

よって,

$n = 5,\ 6,\ 7,\ 8$ 答

(12) $\sqrt{3m}$ が正の整数となるには，$3m$ が平方数となればよい。

$$3m = 3^2$$

$$3m = 9$$

したがって,

$$m = 3$$

または,

$$3m = 6^2$$

$$3m = 36$$

したがって,

$$m = 12$$

また,

$$3m = 9^2$$

$$3m = 81$$

$$m = 27$$

これは，$1 \leqq m \leqq 20$ を満たしていない。

よって,

$m = 3,\ 12$ 答

予想問題 解答・解説 第1回

予想問題 解答・解説 第2回

6 問題

右の図のように，原点Oを通る直線 l と，傾きが $-\frac{1}{2}$ の直線 m が，点A(2, 2)で交わっています。直線 m と y 軸との交点をBとして，次の問いに答えなさい。

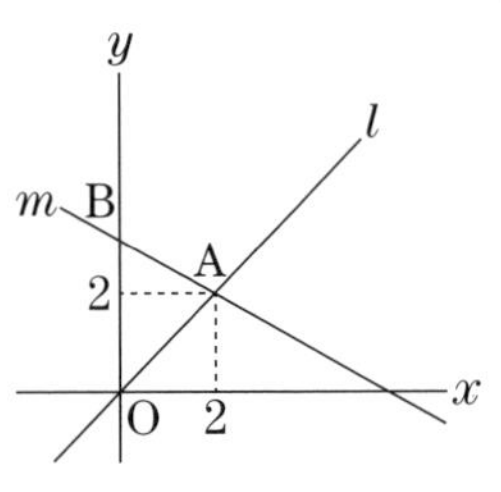

⒀ 直線 l の式を求め，y を x を用いて表しなさい。

⒁ 直線 m の式を求め，y を x を用いて表しなさい。

⒂ △OABの面積は何 cm^2 ですか。単位をつけて答えなさい。ただし，座標の1目もりを1 cmとします。

確認 ▶▶ 第2章 グラフ（2直線）

〔直線の方程式〕➡ 数検でるでるテーマ 33 **1次関数❶：$y = ax + b$**

$y = ax + b$ （a：変化の割合，b：切片）

三角形ABCの面積 S は，

$S = \frac{1}{2} \times l \times h$

（l：底辺の長さ　h：高さ）

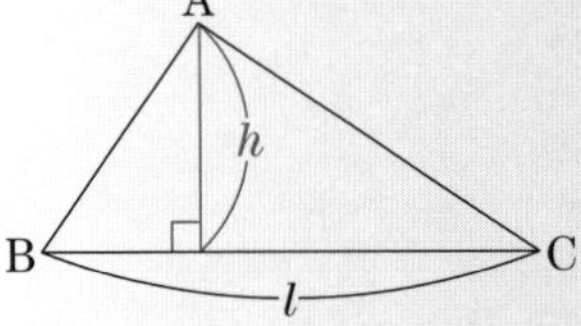

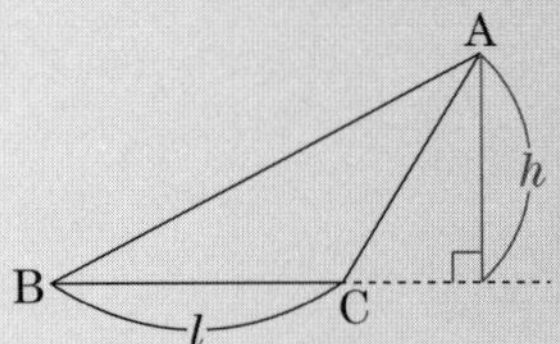

考え方

⒀，⒁ 直線の方程式を求めるには，変化の割合と切片の値を調べなくてはいけない。

⒂ どこを「底辺」と考えるのかが重要。高さは「底辺」に対して垂直になっている線分の長さである。

⒀ 直線 l の変化の割合は，l が O(0, 0)と A(2, 2)を通ることから，

$$\frac{y\text{の増加量}}{x\text{の増加量}} \Rightarrow \frac{2-0}{2-0} = \frac{2}{2} = 1$$

切片は 0 であるから，直線 l の式は，

$y = x$ 答

⒁ 直線 m の式を $y = -\frac{1}{2}x + b$ とおく。

↑変化の割合は $-\frac{1}{2}$

直線 m は点 A(2, 2)を通るから，

$2 = -\frac{1}{2} \times 2 + b$ ⬅ $x = 2$, $y = 2$ を代入する

$2 = -1 + b$

$-b = -1 - 2$

$-b = -3$

$b = 3$ ⬅切片の値

よって，直線 m の式は，

$y = -\frac{1}{2}x + 3$ 答

⒂ ⒁より，点 B の座標は(0, 3)である。

△ OAB において，底辺を OB と考えると，高さは右の図の A から OB へおろした垂線の長さとなる。

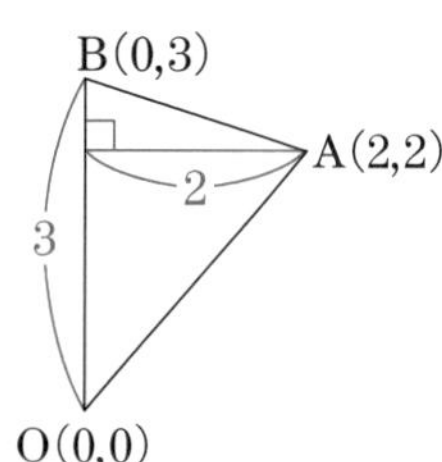

△ OAB の面積は，

$\frac{1}{2} \times 3 \times 2 = 3$

（3：OB の長さ，2：高さ）

よって，

$3\ \mathrm{cm}^2$ 答

図1，図2の三角形ABCと三角形DEFは，△ABC∽△DEFを満たし，辺ABの長さは2 cm，辺ACの長さは$\sqrt{2}$ cm，辺DEの長さは4 cm，三角形ABCの面積は$\frac{5}{4}$ cm^{2}です。次の問いに答えなさい。ただし，答えが根号を含む分数の場合は，分母に根号がない形にしなさい。

図1

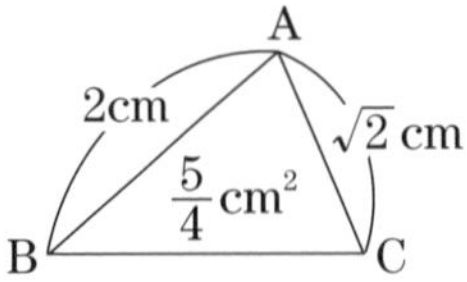

A　2cm　$\sqrt{2}$ cm　$\frac{5}{4}$ cm^2　B　C

図2

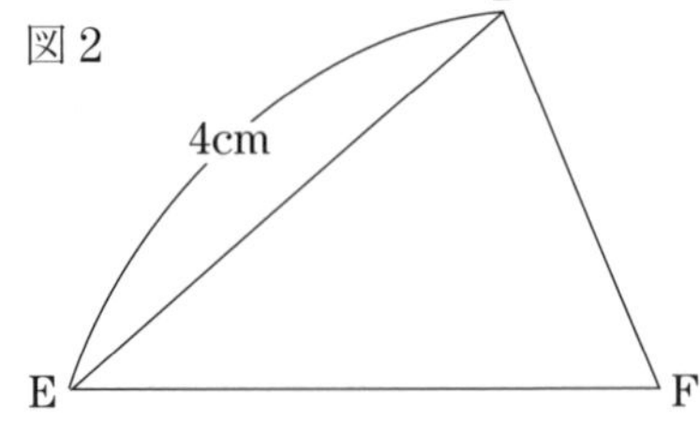

⒃　図2の三角形DEFの辺DFの長さは何cmですか。単位をつけて答えなさい。

⒄　図2の三角形DEFの面積は何cm^{2}ですか。単位をつけて答えなさい。

確認 ▶▶ 第3章　（測定技能）問題へのアプローチ

図形問題への理解が問われる。

〔相似〕➡ 数検でるでるテーマ 40 **相似な三角形**

対応する辺の長さの比が2つの三角形の相似比となる。

〔面積〕➡ 数検でるでるテーマ 54 **面積比・体積比**

相似な図形の面積比は相似比から求められる。

考え方

⒃　三角形DEFの辺DFと対応する三角形ABCの辺は辺ACである。相似比はABの長さとDEの長さの比で決まる。

⒄　相似比が$m:n$のとき，面積比は$m^2:n^2$となる。

解答例

(16) AB：DE ＝ 2：4 ＝ 1：2 より，三角形 ABC と三角形 DEF の相似比は 1：2 である。

辺 DF に対応する辺は辺 AC であるから，

$$AC : DF = 1 : 2$$

より，

$$DF = 2AC = 2\sqrt{2}$$

よって，DF の長さは

$2\sqrt{2}$ cm 答

(17) 三角形 ABC と三角形 DEF の面積比は，

$$1^2 : 2^2 = 1 : 4$$

である。

したがって，

$$\triangle ABC : \triangle DEF = 1 : 4$$

$$\triangle DEF = 4\triangle ABC = 4 \times \frac{5}{4} = 5$$

よって，三角形 DEF の面積は，

5 cm^2 答

8
問題

2直線 l, m と三角形が右の図のような位置にあるとき，次の問いに答えなさい。

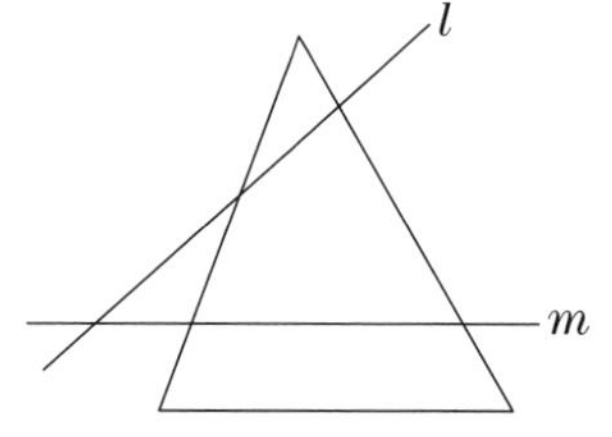

⒅ 三角形の辺上にあり，2直線 l, m までの距離が等しくなるような2点P，Qを，下の〈注〉にしたがって作図しなさい。作図をする代わりに，作図の方法を言葉で説明してもかまいません。（作図技能）

〈注〉 ⓐ コンパスとものさしを使って作図してください。ただし，ものさしは直線をひくことだけに用いてください。

ⓑ コンパスの線は，はっきりと見えるようにかいてください。コンパスの針をさした位置に，• の印をつけてください。

ⓒ 作図に用いた線は消さないで残しておき，線をひいた順に，①，②，③，…の番号をかいてください。

確認 ▶▶ 第3章 （作図技能）問題へのアプローチ

〔2つの直線までの距離が等しい点〕

点Pから直線 l, m までの距離が等しいとき，

$\triangle$ OAP ≡ $\triangle$ OBP となり

$\angle$ AOP = $\angle$ BOP

したがって，直線 OP は $\angle$ AOB の二等分線である。

すなわち，角の二等分線上のどの点からも直線 l, m までの距離は等しい。

〔角の二等分線〕 ➡ 数検でるでるテーマ 57 **作 図 ❸：角の二等分線をひく**

考え方

2直線l，mのつくる角を2等分する直線(角の二等分線)をひこう。この二等分線上のどの点からもl，mまでの距離は等しくなる。

手順1 直線lとmの交点をAとし，Aを中心とする円をかき，l，mとの交点をそれぞれB，Cとする。

手順2 点B，Cをそれぞれ中心とする等しい半径の円を2つかき，その交点をDとする。

手順3 直線ADと三角形との交点をP，Qとする。この2点が求める点となる。

解答例

①直線lとmの交点をAとする。点Aを中心とする円をかき，l，mとの交点をそれぞれB，Cとする。

②点B，Cを中心として等しい半径の円をかき，その交点をDとする。

③直線ADをひき，直線ADと三角形との交点をP，Qとする。この点が求める点となる。

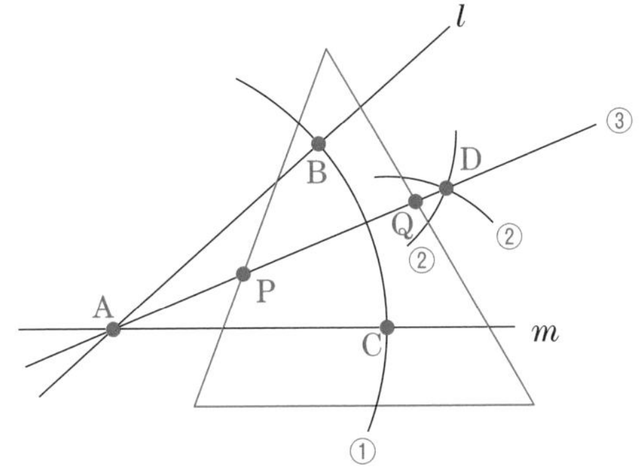

9 問題

下の図のように，白と黒の碁石をある規則に従って並べていきます。これについて，次の問いに答えなさい。 (整理技能)

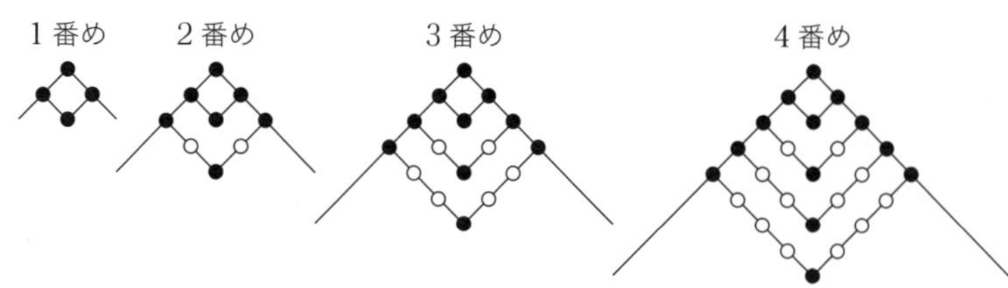

(19) 7番めには，黒の碁石は何個並んでいますか。

(20) 7番めには，碁石は何個並んでいますか。

確認 ▶▶ (整理技能) 問題へのアプローチ

問題文から法則・きまりを見つけよう。

その内容を数式や数学的な表現に言い換えることが重要である。

考え方

(19) 黒の碁石は何個ずつ増えているのかを考えよう。

(20) 白の碁石も何個ずつ増えているのかを考えよう。
求めるべき値は黒と白の碁石の合計である。

解答例

(19) 黒の碁石は1番めが4個で2番め以降は3個ずつ増えているのがわかる。
よって，7番めに並んでいる黒の碁石の数は，

$$4+3+3+3+3+3+3$$
$$=4+3\times 6$$
$$=4+18$$
$$=22\text{（個）}$$ 答

(20) 白の碁石は，たとえば
1番めから2番めの間で増えた数は，$1\times 2=2$（個）
2番めから3番めの間で増えた数は，$2\times 2=4$（個）
3番めから4番めの間で増えた数は，$3\times 2=6$（個）
というように増える碁石の数が規則的に増えていく。
この法則をもとに表をかいて調べる。

番め	1	2	3	4	5	6	7
黒	4	7	10	13	16	19	22
白	0	2 (+2)	6 (+4)	12 (+6)	20 (+8)	30 (+10)	42 (+12)
合計	4	9	16	25	36	49	64

よって，7番めに並んでいる碁石の数は，
64個 答

さくいん

＊「第1部　原則編」に出てくる用語を対象としています。

あ 行

か 行

さ 行

た 行

な 行

は 行

ま 行

や 行

ら 行

わ 行

高梨　由多可（たかなし　ゆたか）

河合塾講師。中高一貫校の中学生から高校生・高卒生、さらに基礎クラスから東大志望クラスまで幅広く指導。定義・原則の理解を徹底し、ただ単に解法を教えるのではなく、「なぜその解法をここで用いたのか」という「意識化」を重視した授業を展開している。プライベートにおいては体を動かすことが大好きで、子どもの学校関連や地域の運動系活動には必ずと言ってよいほど参加している。子ども６人の子育てにも日々奮闘中である。

著書に『大学入試問題集　ゴールデンルート　数学IA・IIB　基礎編／標準編／応用編』（橋本直哉氏との共著；KADOKAWA）がある。

改訂版
数学検定３級に面白いほど合格する本

2024年１月29日　初版発行

著者／高梨　由多可
監修／公益財団法人　日本数学検定協会

発行者／山下 直久

発行／株式会社KADOKAWA
〒102-8177　東京都千代田区富士見2-13-3
電話　0570-002-301（ナビダイヤル）

印刷所／図書印刷株式会社
製本所／図書印刷株式会社

●お問い合わせ
https://www.kadokawa.co.jp/（「お問い合わせ」へお進みください）
※内容によっては、お答えできない場合があります。
※サポートは日本国内のみとさせていただきます。
※Japanese text only

定価はカバーに表示してあります。

Printed in Japan
ISBN 978-4-04-606115-7　C6041